Analyse der Azofarbstoffe

Von

Dr. sc. techn. A. Brunner
dipl. Ing.-Chem.

Mit 5 Textabbildungen und 3 Tafeln

Berlin
Verlag von Julius Springer
1929

Copyright vested in the Alien Property Custodian, 1945, pursuant to law.

Published and distributed in the Public Interest by Authority of the Alien Property Custodian under License No. A-915

Published by
J. W. EDWARDS

Lithoprinted by
EDWARDS BROTHERS, INC.
Ann Arbor, Michigan, U.S.A.
1946

ISBN-13: 978-3-642-89582-1   e-ISBN-13: 978-3-642-91438-6
DOI: 10.1007/978-3-642-91438-6

Alle Rechte, insbesondere das der Übersetzung
in fremde Sprachen, vorbehalten.
Copyright 1929 by Julius Springer in Berlin.
Softcover reprint of the hardcover 1st edition 1929

Vorwort.

In dem Laboratorium der Technisch-Chemischen Abteilung der Eidgenössischen Technischen Hochschule sind in den letzten Jahren eine Anzahl von Arbeiten über Analyse von Azofarbstoffen unternommen worden. Es sind dies die Dissertationen der Herren Dr. W. A. Gallup, A. Peter, H. Mayer, M. Wegmann, H. Hauser und E. Ziegler, welche auszugsweise in den „Künstlichen organischen Farbstoffen" von H. E. Fierz-David veröffentlicht wurden (S. 666—689).

Auf Veranlassung von Herrn Professor Fierz-David habe ich es unternommen, diese Daten zusammenzustellen und durch eigene Untersuchungen so weit wie möglich zu vervollständigen. Meine Untersuchungen befassen sich in erster Linie mit der Bestimmung der Spaltprodukte der Benzolpolyamine, der Aminooxynaphthoesäurearylamide und einiger J-Säure-derivate. Im Laufe der Arbeit wurde es als wünschenswert gefunden, noch weitere Daten zu sammeln, welche die Identifizierung der wichtigeren Monoamine der Benzol- und Naphthalinreihe ermöglichen. Es wurden daher die zugänglichen Amine in den Kreis der Untersuchung gezogen und es ist mir eine angenehme Pflicht, hier besonders des wertvollen Beistandes von Herrn Prof. Dr. F. M. Rowe (The University of Leeds) zu gedenken, der mir seine große Sammlung von Monoazofarbstoffen behufs spektroskopischer Untersuchung freundlichst zur Verfügung stellte.

Zum Schlusse möchte ich meinem Lehrer Herrn Professor Dr. H. E. Fierz-David meinen herzlichen Dank für seine Anregungen und die weitgehende Unterstützung aussprechen, durch welche diese Zusammenstellung erst ermöglicht wurde.

Zürich, im Sommer 1929.

A. Brunner.

Inhaltsverzeichnis.

Einleitung.

	Seite
1. Definition und Darstellung von Azofarbstoffen	1
2. Entwicklung der Azofarbstofftechnik	2
3. Bedeutung der Analyse	2
4. Qualitative Analyse	3
5. Spektroskopische Untersuchung nach Formanek	4
6. Die Patentliteratur	5

Allgemeiner Teil.

I. Spaltungsmethoden. ... 7
1. Allgemeines, Chemismus, Versuche vor Witt ... 7
2. Die Reduktion mit Zinnsalz ... 8
3. Die Reduktion mit Hydrosulfit ... 9
4. Die Reduktion mit Jodwasserstoff ... 10
5. Einige weitere Methoden ... 11
6. Partielle Reduktion ... 12
7. Die Reduktionskinetik ... 13
8. Maßanalytische Bestimmung von Azofarbstoffen ... 14
9. Die nitrierende Spaltung ... 14
10. Spaltung durch Halogene ... 15

II. Charakterisierung der Spaltprodukte. ... 15
  A. Allgemeines ... 15
    1. Das Prinzip ... 15
    2. Kurze Anleitung zur Handhabung des großen Gitterspektroskops von Zeiß ... 16
  B. Charakterisierung der Diazokomponenten ... 21
  C. Charakterisierung der Kupplungskomponenten ... 25
    1. Spaltprodukte der Chrysoidinreihe ... 25
    2. Naphthylendiamine und deren Sulfosäuren ... 28
    3. Aminonaphthole und deren Sulfosäuren ... 30
    4. Aminodioxynaphthaline und deren Sulfosäuren ... 31
    5. Di- und Triaminonaphtholsulfosäuren ... 32
    6. 1-Amino-2-oxy-3-naphthoesäure und ihre Arylamide ... 35
    7. Derivate der Aminonaphtholsulfosäure 2, 5, 7, (J-Säure) ... 35
    8. Die Aminopyrazolone ... 37
    9. Pyrazine als Spaltprodukte von Farbstoffen aus Aminoacetessigsäurearylamiden ... 38

Spezieller Teil.

I. Die Reduktion. ... 39
1. Vorbereitung der Farbstoffe zur Reduktion ... 39
2. Die Reduktion mit Zinnchlorür ... 39
3. Die Reduktion mit Hydrosulfit ... 40

Inhaltsverzeichnis. V

Seite
4. Die Reduktion von Farbstoffen vom Typus des Chloramingelb M . 41
5. Reduktion von Lack- und Pigmentfarbstoffen 41
6. Trennung der Spaltprodukte. 41
7. Bestimmung von Naphthol-AS-Färbungen 43

II. **Eigenschaften der Spaltprodukte.** 46
  A. Diazokomponenten.
   1. Unsulfurierte Amine 46
   2. Aminosulfosäuren 59
  B. Kupplungskomponenten.
   1. Die Polyamine der Benzolreihe 66
   2. Naphthylendiamine und deren Sulfosäuren 69
   3. Aminonaphthole und deren Sulfosäuren. 71
   4. Aminodioxynaphthaline und deren Sulfosäuren 76
   5. Di- und Triaminonaphtholsulfosäuren 78
   6. Abkömmlinge der J-Säure. 85
   7. 1-Amino-2-oxy-3-naphthoesäure und deren Arylamide 86
   8. Aminopyrazolone 88
   9. Die Pyrazine 89
  C. Spektroskopischer Nachweis von Diazokomponenten.
   1. 2-Naphthol-3,6-disulfosäurefarbstoffe 91
   2. β-Naphthol-Farbstoffe von Aminosulfosäuren 93
   3. β-Naphthol-Farbstoffe, geordnet nach steigenden Smp. 95
   4. Naphthol AS-Farbstoffe 97
   5. Naphthol ASBS-Farbstoffe 100
   6. Naphthol ASBO-Farbstoffe 101

III. **Beispiele.** 102
   1. Aminonaphtholrot G 102
   2. Erioviolett RL 102
   3. Anthosin BN 103
   4. Naphtholblauschwarz B 104
   5. Benzolichtrot 8 BL 104
   6. Sambesischwarz V 105
   7. Benzolichtgelb RL 105
   8. Benzolichtgrau BL 106
   9. Polarrot G. 108
  10. Polarbrillantrot 3 B, B 110
  11. Reduktion verschiedener Hansagelb 113
  12. Siriusgelb RR 114
  13. Diazobrillantscharlach 3 B extra 115
Literaturzusammenstellung 117
Sachverzeichnis 118

Einleitung.

1. Definition und Darstellung von Azofarbstoffen.

Die Azofarbstoffe können allgemein nach folgendem Schema formuliert werden:

$$A-N=N-B,$$

wobei die Azogruppe $N=N$ zwei größere Atomkomplexe A und B, die gleich oder verschieden sein können, miteinander verbindet. Damit ist nicht gesagt, daß sämtliche Substanzen, die eine Azogruppe enthalten, Azofarbstoffe seien, sondern es müssen nach der Theorie von Witt[1] noch bestimmte Gruppen, Auxochrome oder Hilfsfarbenträger in einem oder beiden der Reste A und B enthalten sein. Durch den Eintritt solcher Gruppen erhält das Molekül neben erhöhter Farbigkeit auch textilfärberische Eigenschaften, wodurch erst das Produkt großes technisches Interesse gewinnt. Ob die Witt'sche Theorie zutreffend ist oder nicht, sei dahingestellt; die Eigenschaften und das Verhalten der Azofarbstoffe lassen sich damit zur Hauptsache befriedigend erklären.

Azofarbstoffe können auf Grund verschiedener Reaktionen hergestellt werden, doch ist besonders eine derselben von Bedeutung, die Kupplungsreaktion nach Peter Griess. Man läßt Diazokörper auf Amine oder Phenole oder deren Derivate einwirken, wobei das dem Diazoniumsalz zugrunde liegende Amin Diazokomponente, das mit diesem gekuppelte Amin oder Phenol Kupplungskomponente geheißen wird.

Daneben sind noch technisch wichtig die Kondensation von o-Diketonen mit Arylhydrazinen, entdeckt von J. H. Ziegler[2] bei seiner ersten Tartrazinsynthese, und die merkwürdige Darstellung der Farbstoffe vom Typus des Naphthamingelb N oder Chloramingelb M, die man erhält durch Oxydation von Dehydrothioarylaminsulfosäuren mit Hypochlorit[3]. Ob in diesem Falle gewöhnliche Azofarbstoffkonstitution vorliegt, ist allerdings nicht bewiesen, jedoch sehr wahrscheinlich, obgleich mit den sonst üblichen Reduktionsmitteln keine Spaltung eintritt.

---

[1] Ber. 9 (1876), 522; 21 (1888), 325.
[2] D. R. P. 34 294, Frdl. I, 558 (1885).
[3] D. R. P. 65 402, Frdl. III, 752 (1891).

2. Entwicklung der Azofarbstofftechnik.

Die Darstellung der Azofarbstoffe nahm ihren Ursprung in der Entdeckung der Diazoverbindungen durch Peter Griess[1] im Jahre 1860. Gleichzeitig, aber unabhängig voneinander, haben er und Mène im folgenden Jahre den ersten Azofarbstoff, das Aminoazobenzol entdeckt. 1863 ist das Bismarckbraun, dargestellt von C. Martius, gefolgt, worauf dann ein Stillstand eingetreten ist. Erst 1875/76 haben Witt und Caro das Chrysoidin erhalten, und um dieselbe Zeit sind die ersten Vertreter der Naphthalinazofarbstoffe aufgetaucht. Hand in Hand mit diesen Entdeckungen sind die Benzol- und Naphthalinderivate intensiv studiert worden, wodurch die fast unbeschränkten Variationsmöglichkeiten geschaffen wurden. Durch Einführung weiterer Azogruppen wurde die Farbenskala vervollständigt und auch die Echtheiten sind besser geworden. Die Entdeckung der Benzidinfarben durch Böttiger im Jahre 1884 hat der Azochemie einen neuen Impuls gegeben, indem nun Farbstoffe hergestellt werden konnten, mit denen man Baumwolle auf die denkbar einfachste Weise färben kann.

Die moderne Echtheitsbewegung hat an der Bedeutung der Azofarbstoffe nicht viel geändert. Einerseits braucht man immer wieder Produkte, von denen keine großen Echtheiten verlangt werden, und anderseits verfügt man heute über Azofarbstoffe, wie die Benzolicht- und -echt-, die Naphthol AS-, die Chrombeizenfarbstoffe u. a. m., die den Ansprüchen vollauf genügen.

Laut Schultz und Julius gehören über die Hälfte der Farbstoffe, deren Konstitution bekannt ist, der Gruppe der Azofarbstoffe an. Dazu kommt noch die Unmenge der unbekannten Produkte, die bei den Azofarbstoffen besonders zahlreich sind. Es sollen heute über 1000 verschiedene Azofarbstoffe unter über 3000 Namen im Handel sein, deren Produktion ungefähr $\frac{1}{4}$ des Wertes der gesamten Farbstoffproduktion ausmacht[2].

3. Bedeutung der Analyse.

Angesichts dieser verwirrenden Fülle ist heute gar nicht daran zu denken, einen Farbstoff nach seinen äußeren Eigenschaften zu identifizieren. Anfänglich war es wohl nur die wissenschaftliche Frage nach der Konstitution der neuen Körper, die aus bekannten Ausgangsmaterialien hergestellt wurden, die zu Analysen führte. In diesem Sinne müssen die ersten Versuche von Witt, Griess, A. W. Hofmann u. a. gedeutet werden. Durch die Übertragung der Farbstoffdarstellung aus den wissenschaftlichen Laboratorien in die Fabrikationsräume ver-

---

[1] Ann. 121 (1862), 257; 137 (1866), 39.
[2] Fierz-David, Künstl. Organ. Farbstoffe, S. 109. Berlin: Julius Springer 1926.

schiedener Firmen wurde daraus eine Konkurrenzfrage. Sobald die Konstitution der Handelsmarken nicht mehr aus den rasch zunehmenden Patentschriften herausgelesen werden konnte, mußten neue Wege gesucht werden. Zuerst genügte es vielleicht noch, einige Reaktionen zu machen und die färberischen Eigenschaften zu untersuchen, aber heute ist es mit wenig Ausnahmen unmöglich, in der Unmasse der Patentschriften auf diese Weise sich zurecht zu finden. Es hilft da nur die **vollständige Analyse** weiter, die allerdings zuerst auf die speziellen Verhältnisse zugeschnitten werden mußte. Verschiedene Farbenfabriken sollen vollständige Analysenmethoden ausgearbeitet haben, doch findet sich darüber aus leicht erklärlichen Gründen nichts veröffentlicht. Aber auch an Hand von „Spalttabellen" ist es oft sehr schwer oder fast nicht möglich, gewisse Produkte zu erkennen.

(Die vorliegende Arbeit macht auch durchaus nicht den Anspruch darauf, daß man ihr folgend analytisch die Konstitution aller Azofarbstoffe bestimmen könne. Hat sie aber einen Weg gewiesen, der im allgemeinen ohne große Schwierigkeiten zum Ziele führt, so ist ihr Zweck erfüllt.)

4. Qualitative Analyse[1].

Statt einen Farbstoff direkt mit Hilfe einer vollständigen Analyse durch Abbau zu bestimmen, ist es meistens sehr vorteilhaft, zuerst einige orientierende Vorversuche zu machen. Es sind dieselben Proben, die Arthur Green in seinem Buche „Analysis of Dyestuffs[2]" niedergelegt hat. Green benützt sie zur Untersuchung von Farbstoffen sowohl auf der Faser als in Substanz. Dieselben Methoden findet man auch im „Praktikum der Färberei und Farbstoffanalyse" von Paul Ruggli[3], der den Analysengang von Green übernommen hat.

Ist der Handelsname des zu untersuchenden Farbstoffes bekannt, so ergeben sich daraus oft die färberischen Eigenschaften. Im Zweifelsfalle geben z. B. die Färberzeitung von Lehne oder die Tabellen von Schultz und Julius oder der Colour Index Auskunft über viele Handelsmarken. Durch Probefärbungen auf verschiedenen Textilfasern kann übrigens das färberische Verhalten in kurzer Frist bestimmt werden. Wird ein Farbstoff durch Kochen mit Hydrosulfit bleibend entfärbt, so enthält er Azogruppen. Green und Ruggli führen nun verschiedene Farben- und Fällungsreaktionen durch, auf Grund deren sie die Farbstoffe identifizieren. Es ist ohne weiteres klar, daß diese Methode wenig zuverlässig ist, und auf Neuerscheinungen gar nicht anwendbar ist.

---

[1] Dieses und die folg. Kapitel der Einleitung gelten nicht nur in bezug auf die Azofarbstoffe, sondern auch für die ganze übrige Farbenchemie.

[2] Erschienen bei Ch. Griffin & Co. Ltd. London 1915.

[3] Erschienen bei J. F. Bergmann, München 1925.

Für die quantitative Analyse ist die Prüfung auf Einheitlichkeit sehr wichtig. Man bläst zu diesem Zwecke eine kleine Menge Farbstoff gegen ein befeuchtetes Filtrierpapier oder gegen eine mit konzentrierter Schwefelsäure getränkte Tonplatte, doch versagt diese Methode sehr oft, z. B. wenn die Mischungen durch Eindampfen von verschiedenen Farbstofflösungen gewonnen werden. Eine Trennung läßt sich oft durch fraktionierte Lösung mit verschiedenen Lösungsmitteln durchführen, fraktionierte Ausfärbung durch mehrere nacheinander folgende Nachzüge (unter Umständen auf verschiedene Fasern), oder durch fraktionierte Adsorption an Kaolinpulver. Sehr elegant ist die Methode der Kapillaranalyse nach Goppelsröder[1], der lange Streifen von Filtrierpapier mit dem unteren Ende in die Lösungen eintaucht, wobei im Falle von Gemischen die verschiedenen Farbstoffe verschieden hoch in die Kapillaren des Papiers aufsteigen. Die spektroskopische Methode findet sich im nächsten Kapitel beschrieben.

5. Spektroskopische Untersuchung nach Formanek.

Ruggli unterscheidet in seinem Buche drei verschiedene Prüfungen, die chemische, die färberische und die physikalische. Auf Grund der zwei ersteren hat Green seinen Analysengang aufgebaut, die letztere ist hauptsächlich von Formanek und Grandmougin einerseits und von Hartley anderseits zu einer Analysenmethode ausgearbeitet worden. Sie beruht auf der Bestimmung der Lage der Streifen, die im Spektrum durch eine Farbstofflösung erzeugt werden. Hartley macht zu diesem Zwecke eine photographische Aufnahme des Spektrums, während Formanek und Grandmougin mit dem Auge beobachten und an einer Skala direkt die betreffenden Wellenlängen ablesen. Durch Einführung von Spektroskopen mit verschiebbarem Spektrum, deren Beschreibung man im allgemeinen Teil (S. 16) findet, ist die Bestimmung nach Formanek und Grandmougin zu einer raschen und praktischen Methode geworden. Wertvoll ist sie hauptsächlich durch das reichhaltige Tabellenwerk[2]. An Hand desselben ist es nicht schwer, einen Farbstoff zu identifizieren, sofern er überhaupt in den Tabellen aufgeführt ist. Durch Abweichungen in den Ablesungen darf man sich nicht abschrecken lassen, da die Werte ja nicht streng physikalisch gewonnen werden, sondern mit Hilfe des stark subjektiven Auges. Es ist deshalb nach meiner Erfahrung am günstigsten, wenn man das zu bestimmende Produkt mit den Farbstoffen vergleicht, die nach den Tabellen von Formanek am besten damit übereinstimmen. Die subjektiven Fehler sind

---

[1] F. Goppelsröder, Kapillaranalyse, Basel 1901 und 1907.
[2] „Untersuchung und Nachweis organischer Farbstoffe auf spektroskopischem Wege" von J. Formanek, E. Grandmougin und J. Knop. 2. Aufl. Berlin: Julius Springer 1908/26/27.

dann beim unbekannten Farbstoff wie beim Vergleichsprodukt dieselben, so daß sie sich aufheben.

Aber nicht nur Identifizierungen kann man auf diese Weise durchführen, sondern auch Reinheitsbestimmungen. Durch Verunreinigungen können die Banden verwaschen oder gar verdeckt werden. Dies variiert natürlich stark mit dem spezifischen Lösungsvermögen des Lösungsmittels in bezug auf den Farbstoff und die Beimengungen. In konzentrierter Schwefelsäure sind die Spektren vom Reinheitsgrade meistens mehr oder weniger unabhängig, in Wasser oder organischen Lösungsmitteln spielt die Reinheit eine größere Rolle. Auch Mischungen können als solche erkannt werden, indem reine, einheitliche Produkte ganz bestimmte Kombinationen von Absorptionsbanden hervorrufen.

Stimmen die Absorptionsbanden mit keinem Beispiel in den Tabellen von Formanek überein, so kann man doch wenigstens herauslesen, mit welchem Typus der zu bestimmende Farbstoff verwandt ist. Die Konstitution von solchen oder ganz neuen Produkten kann aber im allgemeinen nur durch Methoden ermittelt werden, die das Molekül abbauen oder sonst weitgehend verändern.

Die Ostwaldsche Farbenbestimmung kommt für Analysen nicht in Frage, dagegen leistet sie dem Koloristen vorzügliche Dienste.

6. Die Patentliteratur.

Ist die Konstitution eines Farbstoffes zu bestimmen, so ist es zweckmäßig, zuerst die Patentliteratur zu studieren. In der Färberzeitung von Lehne werden die Neuerscheinungen besprochen, so daß dadurch der ungefähre Zeitpunkt der Patentnahme gegeben ist. Allerdings sind nicht alle Farbstoffe patentiert, oder sie können unter einen Anspruch fallen, dessen Anmeldung schon 10 Jahre, oder noch mehr zurückliegen mag.

Wie jede Zeit ihre Kleidermode hat, so haben auch die Farbenchemiker ihre Mode. Immer wieder kommt es vor, daß irgendein genialer Erfinder ein neues Gebiet eröffnet, das dann sofort von einer ganzen Reihe von Chemikern bearbeitet wird. An Hand der Patentsammlung von Friedländer ist es nicht schwer, diese verschiedenen Strömungen herauszulesen. Im Diazobrillantscharlach 3B extra z. B., dessen Analyse weiter hinten beschrieben ist, wurde zum vornherein irgendeiner der von Bayer patentierten Abkömmlinge der Aminonaphtholsulfosäure 2, 5, 7 (I-Säure) vermutet, weil um jene Zeit (1904) eine sehr große Zahl von I-Säurefarbstoffen patentiert wurde.

Sehr oft kommt es auch vor, daß das Patent in Deutschland aus irgendwelchem Grunde versagt wird, daß es aber in anderen Staaten erteilt wird. Es genügt deshalb nicht, nur das Werk von Friedländer zu studieren, sondern es müssen auch die Patentschriften der übrigen Länder damit verglichen werden. Interessant sind vor allem die Schweizer Patente. Im Gegensatz zu Deutschland und anderen Staaten kann in der Schweiz nur die einzelne Verbindung und nicht das allgemeine Verfahren geschützt werden, weshalb jedes einzelne Beispiel Gegenstand eines Patentes ist. Aus finanziellen Gründen werden daher in der Schweiz meistens nur die interessantesten Kombinationen zum Patent angemeldet, während in den D. R. P. oft gerade die wichtigsten Beispiele nicht aufgeführt sind. Nach Ablauf der Schutzfrist erscheinen oft die gleichen Farbstoffe in den Musterkarten von anderen Firmen, woraus wieder auf das Einreichedatum des Patentes geschlossen werden kann.

Allgemeiner Teil.

I. Spaltungsmethoden.

1. Allgemeines, Chemismus, Versuche vor Witt (1888).

Infolge der sehr komplizierten Isomerieverhältnisse erlaubt uns die elementare Zusammensetzung eines Azofarbstoffes keinen großen Einblick in dessen Strukturformel. Trotzdem bietet die Ausführung einer Elementaranalyse vor der reduzierenden Spaltung große Vorteile, da aus dem Verhältnis von Schwefel zu Stickstoff z. B. meistens schon die Anzahl der Azo- und Sulfogruppen bestimmt werden kann. Es werden dadurch sofort viele Kombinationen ausgeschaltet, so daß das Gebiet, auf dem die Strukturformel gesucht werden muß, bedeutend eingeschränkt wird.

Die Konstitutionsaufklärung wird bedeutend erleichtert dadurch, daß der Abbau immer nach dem gleichen Prinzip ausgeführt werden kann. Entsprechend der Reduzierbarkeit des Azobenzols zu zwei Molekülen Anilin haben schon Peter Griess und C. Martius[1] den ersten Azofarbstoff, das Aminoazobenzol, reduktiv gespalten und dabei neben Anilin p-Phenylendiamin erhalten.

$$NH_2-\langle\rangle-N=N-\langle\rangle + 4H \rightarrow NH_2-\langle\rangle-NH_2 + NH_2-\langle\rangle$$

Die Spaltung läßt sich allgemein folgendermaßen formulieren:

$$R-N=N-Rx + 4H = RNH_2 + NH_2Rx, \quad x = NH_2, OH, NHR \text{ usw.},$$

wobei die Diazokomponente RNH_2 als solche, die Kupplungskomponente Rx um eine Aminogruppe bereichert zurückerhalten wird.

A. W. Hofmann[2] hat bei der Untersuchung des Chrysoidins dasselbe mit Schwefelammon im Bombenrohr erhitzt. Er wäre aber kaum zum Ziel gelangt, wenn er nicht durch Synthese das Chrysoidin identifiziert hätte, denn er erhielt bei seiner Reduktion nur „Phenylendiamin". Richtig ausgeführt wurde die Reduktion wenig später durch O. N. Witt[3] mit Zinkstaub und Salzsäure. Er erhielt als Reduktionsprodukte Anilin und 1, 2, 4-Triaminobenzol, womit die Konstitutionsfrage erledigt war.

---

[1] Monatsberichte der Berliner Akademie 1865, 633.
[2] Ber. 10 (1877), 213, 388.   [3] Ber. 10 (1877), 654, 350.

Nach derselben Methode wurde die p, p'-Azobenzoldisulfosäure aufgeklärt von C. Laar[1], während H. Limprecht[2] und P. Rodatz[3] die Azobenzoldisulfosäuren durch Erhitzen mit Salzsäure im geschlossenen Rohr auf 150° aufspalteten. P. Griess[4] hat das Sulfochrysoidin mit Zinn und Salzsäure reduziert, und mit demselben Reduktionsmittel hat auch Janowsky[5] gearbeitet. Neben der Konstitutionsaufklärung ist die Reduktion von Azofarbstoffen häufig zur Darstellung von Polyaminen oder Aminophenolen benützt worden, so z. B. von C. Liebermann[6].

Die Reduktion von Kongorot hat O. N. Witt[7] mit Zink und Ammoniak ausgeführt, aber nicht mit durchschlagendem Erfolg, denn nur dank der verhältnismäßig einfachen Verhältnisse ist es ihm gelungen, aus den „hoffnungslosen Schmieren" die beiden Komponenten zu isolieren. Witt hat erkannt, daß mit zunehmender Zahl von Azofarbstoffen das Bedürfnis nach einer allgemeinen Methode immer größer werde, und ihm gebührt das Verdienst, eine solche geschaffen zu haben.

2. Die Reduktion mit Zinnsalz.

Witt[8] hat sich davon überzeugt, daß die sonst beliebten Zinkstaub-Ammoniak-Reduktionen für Azofarbstoffe ungeeignet sind, überhaupt alle Reduktionsmethoden, die in alkalischer Lösung ausgeführt werden. Als zweckmäßig hat er Zinnsalz, gelöst in konzentrierter Salzsäure, gefunden. Wird dasselbe nicht in allzu großem Überschuß angewendet, so tritt am Ende der Reduktion keine Ausscheidung von Zinndoppelsalzen ein. Als geeignete Konzentration gibt er an: 40 g Zinnsalz, gelöst in 100 ccm Salzsäure vom spezifischen Gewicht 1,19. 6 ccm einer solchen Lösung entsprechen 2 g Zinnsalz. Die Reduktion führt er so aus, daß er 1 g des von allen Beimengungen befreiten Farbstoffes in 10 ccm siedenden Wassers löst und dann 6 ccm der erwähnten Zinnsalzlösung zufügt. Genügen 10 ccm Wasser nicht zum Lösen des Farbstoffes, so gibt er mehr Wasser zu bis zur vollständigen Lösung, nie hat er aber mehr als die zwanzigfache Menge gebraucht. Auf Hinzufügen des Zinnsalzes entfärbt sich die Lösung in kürzester Zeit, und je nach der Natur der Reduktionsprodukte scheiden sich dieselben aus oder bleiben in Lösung.

Witt hat die Derivate von Naphtholen und Naphthylaminen sowie von einigen Sulfosäuren derselben, die alle auskristallisierten oder sich durch Kochsalz oder Salzsäure fällen ließen, hergestellt und beschrieben. Die Diazokomponente, die meistens in Lösung bleibt, hat er außer acht

---
[1] Ber. 14 (1881), 1930.   [2] Ber. 15 (1882), 1155.
[3] Ann. 215 (1882), 213.   [4] Ber. 15 (1882), 2196.
[5] Ber. 15 (1882), 2577; Monatshefte f. Chemie V (1884), 159; X (1889), 591.
[6] Ber. 14 (1881), 1310.   [7] Ber. 19 (1886), 1719.   [8] Ber. 21 (1888), 3468.

gelassen. Will man beide, oder bei Polyazofarbstoffen alle Komponenten gewinnen, dann muß man das Zinn aus der Lösung entfernen, damit man eindampfen kann. Die Fällung desselben mit Schwefelwasserstoff hat den Nachteil der sehr lästigen Schwefelausscheidung, dagegen hat sich die elektrolytische Abscheidung des Zinns als sehr vorteilhaft erwiesen. Nach der Entzinnung kann man im Vakuum bis zur beginnenden Kristallisation eindampfen, ohne daß man befürchten muß, daß anorganische Beimengungen die Aufarbeitung stören.

Man scheint allerdings nach dieser Methode nicht in allen Fällen die erwarteten Spaltprodukte zu erhalten. So hat Jacobsen[1] mit einer Reihe von Mitarbeitern gezeigt, daß aus gewissen Benzol-azo-Benzolverbindungen durch Reduktion mit Zinnsalz Benzidin- und Semidinderivate gebildet werden. In der technischen Praxis wird dieser Fall allerdings kaum auftreten, da die Strukturverhältnisse der Handelsazofarbstoffe nur in ganz wenigen Kombinationen, deren Zusammensetzung übrigens bekannt sein dürfte, so einfache sind, daß Benzidin- oder Semidinumlagerungen stattfinden können.

3. Die Reduktion mit Hydrosulfit.

E. Grandmougin[2] hat, um die etwas umständliche Entzinnung der Reduktionslaugen zu umgehen, Natriumhydrosulfit konz. als Reduktionsmittel vorgeschlagen. In der Tat läßt sich damit die Reduktion in sehr kurzer Zeit durchführen. Man streut Hydrosulfit Pulver in kleinen Portionen in die siedende, neutrale oder schwach alkalische Lösung des Farbstoffes ein, bis eben Entfärbung eintritt. Ist der Farbstoff in Wasser unlöslich, dann kann man auch in alkoholischer Lösung arbeiten. Ein Überschuß an Hydrosulfit ist zu vermeiden, da sonst beim nachherigen Ansäuern Schwefelausscheidung eintreten kann. Fallen die Spaltprodukte beim Erkalten nicht aus, so können sie durch Zusatz von Säuren oder Kochsalz oder irgendwelchen anderen Reagentien gefällt werden. Flüchtige Basen werden am besten mit Wasserdampf abgetrieben, oder dann mit Äther extrahiert.

Die reduzierende Wirkung des Natriumhydrosulfites in Gegenwart von Azokörpern läßt sich durch folgende Gleichung ausdrücken

$$Na_2S_2O_4 + 2 H_2O = 2 NaHSO_3 + 2 H,$$

wie von H. Franzen und P. Stieldorf[3] eindeutig gezeigt worden ist. Auch diese Methode scheint ihre Ausnahmen zu haben, denn Grandmougin[4] selbst schreibt: „Es muß darauf hingewiesen werden, daß

---
[1] Ber. 26 (1893), 688; Ber. 27 (1894), 2700; Ber. 28 (1895), 2541; Ann. 287 (1895), 97.
[2] Ber. 39 (1906), 2494.   [3] Journ. f. pr. Chemie 76 (1907), 467.
[4] Journ. f. pr. Chemie 76 (1907), 124.

auch mit der Hydrosulfitmethode nicht immer die erwarteten Spaltprodukte erhalten werden, sondern daß mitunter nur teilweise Reduktion zu Hydrazokörpern stattfindet, oder wie im Falle von o-Nitroazoverbindungen sich Azimidoxyde bzw. Azimide bilden [1].
Auch das Arbeiten in neutraler oder schwach alkalischer Lösung ist nicht immer günstig, da sich z. B. Polyamine der Benzolreihe oder Di- und Triaminonaphtholsulfosäuren in alkalischer Lösung außerordentlich rasch oxydieren. Zudem kann die Zahl der Komponenten nicht gut bestimmt werden, da man infolge der anorganischen Reste, die vom Hydrosulfit herrühren, immer verunreinigte Eindampfrückstände erhält.

4. Die Reduktion mit Jodwasserstoff.

Aus neuerer Zeit stammt die Empfehlung von Jodwasserstoffsäure zur Reduktion von Azofarbstoffen durch Rich. Meyer[2]. Ausgehend von den guten Erfolgen bei der Spaltung von sauren Anthrachinonfarbstoffen vom Typus des Alizarincyaningrüns hat er das Verfahren auch auf Azofarbstoffe übertragen. Rich. Meyer mischt den Farbstoff mit soviel rauchender Jodwasserstoffsäure, daß sich der Brei eben noch gut rühren läßt, und erhitzt zum Sieden. Nach einigen Minuten wird die Masse dünnflüssig und die Spaltung ist beendet. Durch Zugabe von schwefliger Säure wird das entstandene Jod zu Jodwasserstoff reduziert und kann durch Abrauchen mit Salzsäure entfernt werden. In einigen Fällen ging allerdings die Spaltung nicht glatt, da das freiwerdende Jod auf die Spaltprodukte oxydierend einwirkt. Durch Zusatz von Alkohol werden diese Nebenreaktionen aber behoben. Rich. Meyer sieht den Vorteil seiner Methode hauptsächlich in der Abwesenheit von anorganischen Salzen. Durch die schweflige Säure gelangt aber doch Schwefelsäure in die Lösung, so daß man kaum zur Trockene eindampfen kann.

Sehr gute Dienste leistet diese Methode in etwas abgeänderter Form zur Untersuchung von **Farbstoffen** vom Typus des Naphthamingelb N oder Chloramingelb M und von Lackfarbstoffen. Die Naphthamingelb, die man durch Oxydation von Dehydrothioarylaminsulfosäuren erhält, lassen sich nur spalten durch Erhitzen mit rauchender Jodwasser-

---

[1] Bemerkenswert ist auch die Beobachtung von Gindraux, daß aus Nitrokörpern durch Reduktion mit Hydrosulfit Aminosulfosäuren entstehen können, z. B.

$$\underset{Cl}{\underset{|}{\bigcirc}}\overset{OH}{\overset{|}{}}NO_2 + Na_2S_2O_4 \rightarrow \underset{Cl}{\underset{|}{\bigcirc}}\overset{OH}{\overset{|}{}}\underset{SO_3H}{NH_2}$$

[2] Ber. 53 (1920), 1265.

stoffsäure im Bombenrohr auf 230° [1]. Zweckmäßig gibt man noch etwas roten Phosphor zu, um das freiwerdende Jod wieder zu Jodwasserstoffsäure zu reduzieren. Ebenso lassen sich Lackfarbstoffe, die man in den zur Reduktion gebräuchlichen Lösungsmitteln nicht lösen kann, auf diese Weise glatt reduzieren. Die Sulfogruppen werden dabei abgespalten und die Basen werden als solche oder in Form ihrer Jodhydrate erhalten.

5. Einige weitere Methoden.

In der Literatur findet man noch eine Reihe von weiteren Vorschlägen, die aber nicht von Bedeutung sind. Der Vollständigkeit halber seien sie hier ebenfalls angeführt.

C. F. Boehringer und Söhne haben in den D. R. P. 121835[2] und 123813[3] die elektrolytische Reduktion von Azofarbstoffen patentiert. Sie fügen zu der aus einer salzsauren Lösung des Farbstoffes bestehenden Kathodenflüssigkeit eine kleine Menge elektrolytisch gefällten, pulverförmigen Zinns zu. Dieses reagiert mit der Salzsäure unter Reduktion der Azogruppe. Das sich bildende Zinnchlorür wird sofort wieder elektrolytisch abgeschieden. Aus der entzinnten Lösung werden nach dem Vorschlag der Patentnehmer die Spaltprodukte durch Sättigen mit Salzsäuregas gefällt.

Hubbuch und Lowy[4] reduzieren in sodaalkalischer Lösung an einer Quecksilberkathode bei 95° und einer Stromdichte von 0,885 Amp/qdm.

R. Walther[5] hat das Phenylhydrazin als Reduktionsmittel untersucht und damit auch einfache Azokörper glatt reduzieren können. Unabhängig von ihm haben G. Oddo und E. Puxeddu[6] Oxyazoverbindungen mit Phenylhydrazin gespalten und dabei besonders reine Spaltprodukte erhalten. Die Reduktion verläuft nach folgender Gleichung.

$$A-N=N-B + C_6H_5 NHNH_2 \rightarrow ANH_2 + BNH_2 + 2 C_6H_6 + N_2.$$

Man erhitzt ein Gemisch der theoretischen Mengen, wobei gegen 110° die Reaktion einsetzt, unter Temperatursteigerung auf 180—200° einige Minuten ziemlich stürmisch verläuft und dann wieder nachläßt. Das Benzol geht zum größten Teil mit dem Stickstoff weg, und zurück bleiben die Spaltprodukte in „bemerkenswerter Reinheit".

Diese Ausführung der Reduktion mag bei einfachen Azokörpern günstig sein, ob sie jedoch bei den sulfurierten Polyazofarbstoffen auch

---

[1] H. Hauser, Diss. E. T. H. Zürich 1928, Helv. Chem. Acta 1928, 204.
[2] Friedländer VI (1900), 68.   [3] Friedländer VI (1900), 70.
[4] Trans. amer. electrochem. Soc. 55 (1929), C. 1929 I, 2181.
[5] Journ. f. pr. Chemie 53 (1896), 433.   [6] Ber. 38 (1905), 2753.

noch so glatt verläuft, mag bezweifelt werden. Möglicherweise leistet sie gute Dienste zur Reduktion von Lackfarbstoffen.

Zum Schlusse sei noch eine Methode angeführt, die weniger der Analyse als der technischen Darstellung von Aminoderivaten dient. A. Cobenzl[1] beschreibt die technische Darstellung von z. B. p-Aminodiphenylamin aus dem Orange IV (aus Diazosulfanilsäure und Diphenylamin) durch Reduktion mit Natriumpolysulfid. Zu der heißen Lösung des Farbstoffes in Wasser gibt er eine kochende Lösung von 12 Teilen Schwefelblumen, 70 Teilen kristallisiertem Schwefelnatrium und 5 Teilen Natriumhydroxyd in 120 Teilen Wasser. Nach 6 stündigem Kochen soll die Reduktion beendet sein.

Partielle Reduktion[2].

Die Reduktion von Polyazofarbstoffen kann so vor sich gehen, daß entweder alle Azogruppen gleichzeitig reduziert werden, oder daß ein Disazofarbstoff z. B. z nt vollständig in einen Monoazofarbstoff und die dritte Komponente gespalten wird. Wäre letzteres der Fall, so müßte es möglich sein, von einem Dis- oder Trisazofarbstoff die Anfangs- oder Endkomponente abzuspalten und für sich zu bestimmen. Das Resultat der Versuche ist folgendes:

Von gewissen Polyazofarbstoffen kann man durch sehr sorgfältige Reduktion mit verdünnter Hydrosulfitlösung, die man in die kochende, konzentrierte Farbstofflösung unter mechanischem Rühren eintropfen läßt, eine Endkomponente abspalten. Ein Farbenumschlag findet aber nicht statt, sondern ein Farbenübergang, so daß man kein Maß hat, wieviel Reduktionsmittel zugesetzt werden muß. Auch wird immer, ausgehend von einem Trisazofarbstoff, neben dem hauptsächlich vorhandenen Disazofarbstoff in der mit Kochsalz versetzten Reduktionslösung der Monoazofarbstoff beobachtet, trotzdem noch unveränderter Trisazofarbstoff da ist. Identifizierung des einen der Spaltprodukte ist daher nur möglich, wenn es sich vor dem anderen durch besondere Löslichkeiten auszeichnet[3].

Sehr oft beobachtet man überhaupt keine partielle Reduktion, da die Lösungen bis zur vollständigen Entfärbung ihre Nuance beibehalten. Es scheint, daß der Reduktionsvorgang stark von den Auxochromen abhängig ist. Die partielle Reduktion kommt deshalb als allgemeine Methode nicht in Frage und liefert nur in Ausnahmefällen verwertbare Resultate.

---

[1] Chem. Zeitg. 1915, 859.
[2] Siehe auch F. M. Rowe und C. Levin, Journ. Soc. Dyers and Colour. 1924, 219, Reduktion von Rouge de St. Denis.
[3] Siehe Reduktion von Polarrot G, S. 108.

7. Die Reduktionskinetik.

H. Goldschmidt und A. Braanaas[1] haben die Kinetik des Reduktionsvorganges untersucht, speziell unter Anwendung von Zinnhalogenüren als Reduktionsmittel. Sie haben gefunden, daß die Reduktion in allen Fällen eine bimolekulare Reduktion sei, da die Geschwindigkeit der Zinnkonzentration proportional ist. Sie nehmen an, daß die Azogruppe in zwei Stufen reduziert wird, in einer ersten bis zur Hydrazoverbindung[2], in der zweiten unter Aufspaltung derselben

$$A-N=N-B + 2H \longrightarrow A-NH-NH-B \quad (I)$$
$$A-NH-NH-B + 2H \longrightarrow A-NH_2 + B-NH_2 \quad (II).$$

Die Geschwindigkeit der Reaktion (I) kann gemessen werden, diejenige der Reaktion (II) ist nach ihrer Ansicht unendlich groß. Immer steigt die Reaktionsgeschwindigkeit mit zunehmender Chlorjonenkonzentration. Nimmt die Geschwindigkeit aber rascher als proportional der Chlorjonenkonzentration zu, so nehmen die Autoren eine Additionsverbindung der Salzsäure an den Farbstoff an. Je nach der Natur der Auxochrome ist der Einfluß der Chlorjonenkonzentration verschieden. Mit Zinnbromür im Vergleich zu Zinnchlorür wird die Reduktion rascher zu Ende geführt.

Diese Resultate stimmen mit den Erfahrungen im allgemeinen überein. In allen Fällen, wo die Reduktion in verdünnter Salzsäure nur langsam vor sich geht, kann sie in konzentrierter Salzsäure rasch und glatt durchgeführt werden. So bekommt man bei der Reduktion von Pyrazolonfarbstoffen nur dann schöne Spaltprodukte, wenn man in ungefähr 30 prozentiger Salzsäure arbeitet, wie A. Peter[3] gezeigt hat.

J. B. Conant und M. F. Pratt[4] haben die Reduktion elektrometrisch verfolgt. Sie nehmen folgendes Reaktionsschema an:

$$A-N=N-B\,OH + 2H \rightleftarrows A-NH-NH-B\,OH \quad (I)$$
$$A-NH-NH-B\,OH \longrightarrow A\,HN_2 + B\diagup\!\!\!\diagdown^{O}_{HN} \quad (II)$$
$$B\diagup\!\!\!\diagdown^{O}_{NH} + 2H \rightleftarrows NH_2\,B\,OH, \quad (III)$$

in dem Reaktion (I) schnell verläuft und reversibel ist, Reaktion (II) hingegen irreversibel ist und langsam verläuft im Vergleich mit (I) und (III). Diese geht sehr rasch und vollständig.

---
[1] Zeitschr. f. phys. Chemie 96 (1920), 180.
[2]) H. Th. Bucherer und E. Hoffmann haben beobachtet, daß durch Kochen von Resorcingelb mit Bisulfit eine N-Sulfosäure der Hydrazoverbindung entsteht, die mit Alkali teilweise wieder gespalten werden kann. Kocht man längere Zeit mit Bisulfit, so wird die Azogruppe ganz aufgespalten. J. pr. Ch. 121 (1929), 122.
[3] Diss. E. T. H. Zürich, 1926.   [4] C. 1926, IV. 2591.

Conant und Pratt haben gezeigt, daß die Verdünnung im wesentlichen für die Geschwindigkeit der irreversibeln Reaktion (II) nicht von Bedeutung ist, und somit eine monomolekulare Reaktion die Geschwindigkeit des ganzen Systems beherrscht. Im Gegensatz zu Goldschmidt und Braanaas haben sie mit allen möglichen Reduktionsmitteln gearbeitet und immer vollständige Spaltung festgestellt. Vom Reduktionsmittel, das heißt von dessen Reduktionspotential ist die Geschwindigkeit der Reaktion I abhängig. Im Gleichgewicht Azo-Hydrazokörper kommt es nach Feststellung der Autoren hauptsächlich auf die Natur des aromatischen Kerns, der die Hydroxylgruppe trägt, an.

8. Maßanalytische Bestimmung von Azofarbstoffen.

Auf Grund der Reduktion ist es möglich, die Azogruppe quantitativ zu bestimmen, und auf diese Weise wenigstens das Molekulargewicht zu ermitteln. Limpricht[1] reduziert mit einer gemessenen Menge Zinnchlorür und titriert den Überschuß mit Jodlösung zurück.

Edm. Knecht und Eva Hibbert[2] haben Titantrichlorid vorgeschlagen, das auch von W. C. Holmes[3] empfohlen wird. E. Grandmougin und E. Havas[4] titrieren mit einer Lösung von Natriumhydrosulfit, die jedesmal frisch hergestellt werden muß. Wilhelm Siegmund[5] hat durch Zusatz von Aceton und Ammoniak eine längere Zeit haltbare Hydrosulfitlösung hergestellt, mit welcher er Azofarbstoffe, Nitrofarbstoffe und Triphenylmethanfarbstoffe reduziert.

9. Die nitrierende Spaltung.

Die Spaltung mit Salpetersäure wurde erstmals von Meldola und Morgan[6] beschrieben und später wieder von O. Schmidt[7] aufgegriffen. Man behandelt die Farbstoffe mit roter rauchender Salpetersäure in der Kälte, wobei im allgemeinen die Diazokomponente als Diazoniumnitrat zurückerhalten wird und aus der Kupplungskomponente ein nitriertes Derivat entsteht. Spaltung tritt immer ein, wenn die auxochrome Amino- oder Oxygruppe in p-Stellung, nur in gewissen Fällen, wenn sie in o-Stellung zur Azogruppe sich befindet. Schmidt hat nur ganz einfache Kombinationen untersucht und auch da noch oft Verbrennung von Phenolen und Diazotierung von Aminen beobachtet.

---

[1] Ber. 11 (1878), 35.
[2] Ber. 36 (1903), 166, 1549 und New Reduction Methods in Volumetric Analysis, Longmanns, Green & Co., London 1918.
[3] C. 1926 IV, 2227.   [4] Chem. Zeitg. 36 (1912), 1167.
[5] Monatshefte f. Chemie 33 (1912), 1431.
[6] Trans. Chem. Soc. 55 (1864), 608.   [7] Ber. 38 (1905), 3201, 4022.

Diese Methode kommt daher gar nicht in Betracht für Farbstoffe aus Naphthylaminen, Naphtholen und Aminonaphtholen, deren Nitroderivate infolge der vielen Isomeren noch besonders schwer zu identifizieren wären. Normale Spaltderivate erhält man aus den einfachen Benzol-azo-Benzolkörpern, aus denen bei der Spaltung mit Zinnchlorür eventuell Benzidin- oder Semidinabkömmlinge entstehen können. Neuerdings haben F. M. Rowe und C. Levin[1] die nitrierende Spaltung ausgearbeitet für die Bestimmung von β-Naphthol- und Naphthol AS-Farbstoffen und von Permanentgelben.

10. Die Spaltung durch Halogene.

Ausgehend von der nitrierenden Spaltung hat M. P. Schmidt[2] gefunden, daß auch Chlor, Brom und Unterchlorige Säure schon in der Kälte Spaltung herbeiführen. Schmidt nimmt an, daß primär ein Chlormolekül sich an die Doppelbindung anlagere. Er hat z. B. aus p-Oxyazobenzol Phenyldiazoniumchlorid und Trichlorphenol erhalten.

II. Charakterisierung der Spaltprodukte.

A. Allgemeines.

1. Das Prinzip.

Die Schwierigkeiten der Analyse von Azofarbstoffen liegen nicht bei der Spaltung selbst, sondern bei der Charakterisierung der Spaltprodukte. Der zum Teil sehr unbeständige Charakter derselben sowie die außerordentlich vielfältigen Isomerieverhältnisse bedingen, daß man mit den üblichen Methoden der organischen Analyse nicht auskommt. O. N. Witt[3] war der erste, der die Spaltprodukte der zu jener Zeit bekannten Naphthalinazofarbstoffe untersucht und beschrieben hat. Zu ihrer Bestimmung hat er Löslichkeiten, Kondensation mit o-Diketonen und Oxydation zu Naphthochinonen herangezogen. Diese Methoden sind auch von Green übernommen worden, der noch einige Farbreaktionen hinzugefügt hat.

Es ist aber meistens nicht möglich, zwei Isomere nur durch Beobachtung von Farbreaktionen mit dem bloßen Auge auseinander zu halten. Es wurde daher das Spektroskop[4] zu Hilfe gezogen, mit dem man auch kleine Nuancenverschiebungen feststellen und mit Zahlen

---

[1] Journ. of the Soc. of Dyers and Colourists 1924, 218; 1926, 205.
[2] Journ. f. pr. Chemie 85 (1912), 235.   [3] Ber. 21 (1888), 3468.
[4] H. E. Fierz-David, Künstliche organische Farbstoffe, 641 und verschiedene Diss. E. T. H. Zürich 1926/28.

belegen kann. Es wurden immer, wenn Spaltprodukte, wie im Falle von Sulfosäuren, nicht durch Schmelzpunkte charakterisiert werden können, farbige Derivate hergestellt und von diesen die Absorptionsbanden bestimmt. Aber auch die unsulfurierten Monoamine wurden in Azofarbstoffe übergeführt und deren Spektrum aufgenommen, da man nie zu viele Anhaltspunkte zur Identifizierung hat. Auch ist die spektroskopische Bestimmung so rasch und leicht auszuführen, daß sie sich als Kontrolle immer lohnt und zur Orientierung gute Dienste leistet. Sehr oft hat man nur Spuren von Substanzen oder wenige Tropfen einer Lösung derselben zur Verfügung. Dann ist es wohl schwierig oder unmöglich, den Schmelzpunkt zu bestimmen, nicht aber, einen Azofarbstoff herzustellen. Ist man nach Durchführung aller dieser Proben immer noch nicht sicher, dann behilft man sich am besten mit einer Elementaranalyse.

In dieser Arbeit kann es sich selbstverständlich nicht darum handeln, sämtliche Zwischenprodukte und deren Derivate der Azofarben zu beschreiben, sondern es sind nur die wichtigsten aufgeführt, die übrigen müssen mittels der üblichen Methoden der organischen Chemie identifiziert werden.

2. Kurze Anleitung zur Handhabung des großen Gitterspektroskops von Zeiß.

(Von Dr. E. Wanner, Geigy-Basel.)

Diese ist aus dem Werk „Künstliche organische Farbstoffe" von H. E. Fierz-David[1] übernommen, in der Annahme, daß in der vorliegenden Arbeit eine Beschreibung des Instrumentes, ohne das diese nicht denkbar wäre, erwünscht ist.

Als Literatur ist hauptsächlich J. Formanek: „Untersuchung und Nachweis organischer Farbstoffe auf spektroskopischem Wege" anzugeben, welchem folgende Ausführungen entnommen und zweckentsprechend zusammengestellt wurden.

Das in den Abbildungen 1 und 2 dargestellte Instrument besteht im wesentlichen aus einem Dreifuß, auf welchem der Oberteil des Apparates mit Kollimator C und Fernrohr T montiert und durch Schraube D fixiert wird. Auf dem schrägen Arm X ruht festgelagert der Kollimator C. Der um A drehbare Arm Y trägt das bewegliche Fernrohr T. Arm Z, festgelagert, nimmt die Mikrometereinrichtung G auf. Der Kollimator C besitzt an seinem äußern Ende den symmetrischen Spaltkopf Sp, der mit einer Mikrometertrommel M, einer Spaltblende SpB und einem Vergleichsprisma versehen ist, welch letzteres durch Hineinstoßen oder Herausziehen des Knopfes VP ein- oder ausgeschaltet werden kann. Eingeschaltet, wird die untere Hälfte des Gesichtsfeldes beim Beobachten durch eine zweite Lichtquelle beleuchtet, die senkrecht zur Kollimatorachse aufgestellt ist, und die kleine rechteckige Öffnung BO (der Spaltblende SpB gegenüber) bestrahlt. Durch diese

---

[1] Band III der Technologie der Textilfasern, herausgegeben von R. O. Herzog, Berlin: Julius Springer, 1926.

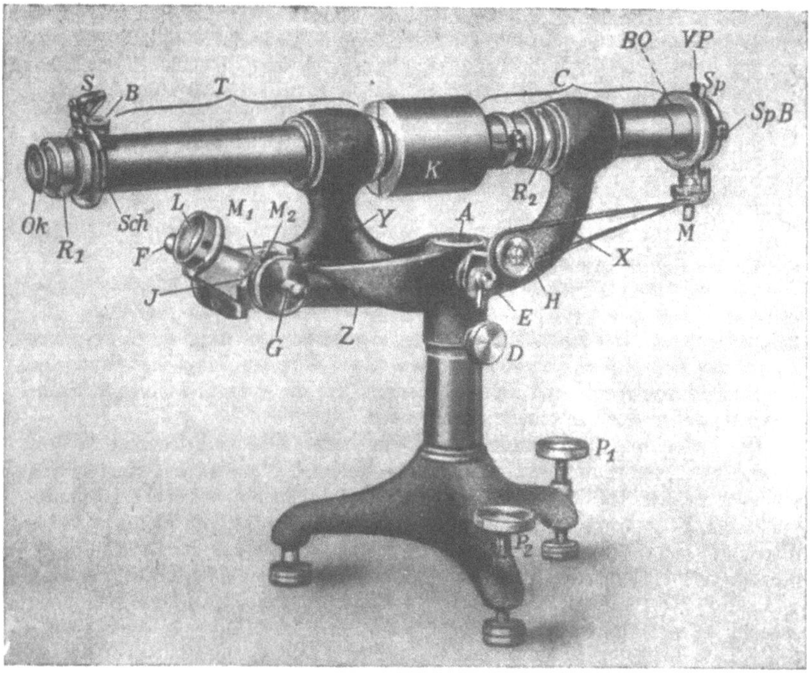

Anleitung zur Handhabung des großen Gitterspektroskops von Zeiß.

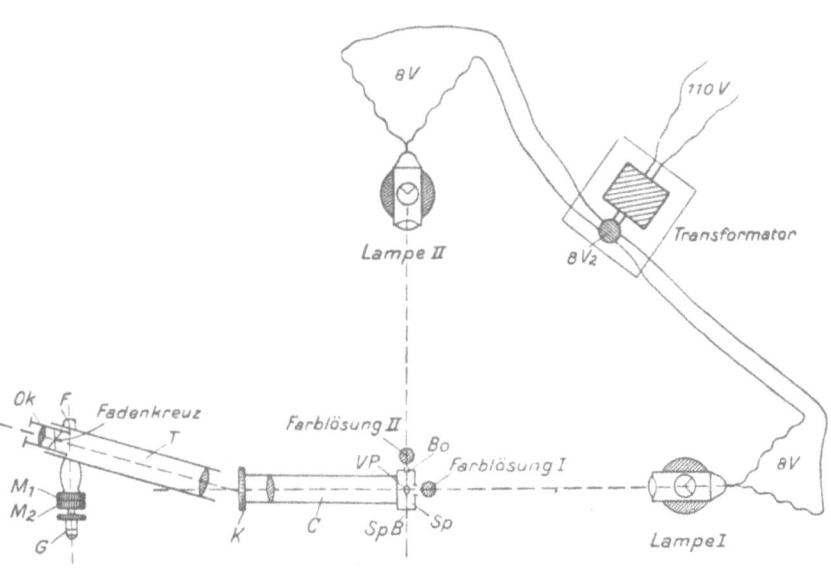

Abb. 1.

Abb. 2.

Einrichtung ist man in der Lage, zwei Lösungen spektroskopisch miteinander vergleichen zu können. An der Mikrometertrommel M ist die Spaltöffnung in 0,01 mm ablesbar. Durch die Ferneinstellung H, welche in E montiert ist, kann die Spaltöffnung während des Beobachtens bequem variiert werden [1].

Der symmetrische Präzisionsspalt ist der empfindlichste und auch wichtigste Teil des ganzen Apparates. Von seiner Qualität, seinem tadellosen Schliff hängt die Schärfe der Absorptionsstreifen ab und somit auch der Wert des ganzen Instrumentes. Die Spaltbacken sind deshalb durch eine abnehmbare Kappe mit Glasfenster gegen Beschädigungen und Staub nach Möglichkeit geschützt. Der Spalt muß sehr sorgfältig behandelt werden, durch unvorsichtiges Schließen können die Spaltschneiden schwer beschädigt werden.

Auf dem Objektivende des Kollimators ist der Gitterträger mit dem durchsichtigen Gitter K befestigt. Eine Metallhülse schützt das Ganze vor Staub und Beschädigungen. Das Steck-Okular OK ist abnehmbar und kann durch den Ring R_1 auf das Fadenkreuz eingestellt werden. Zwei Schieber Sch dienen dazu, das Gesichtsfeld von rechts und links einzuengen, um die eventuell störende Nachbarschaft heller Spektralgebiete abzublenden.

Das Fadenkreuz im Fernrohr kann für besondere Zwecke beleuchtet werden. Diese Einrichtung erzeugt mitten im G.sichtsfeld des Okulars einen horizontalen schmalen weißen Streifen, der das Spektrum quer durchzieht, auf dem der Schnittpunkt des Fadenkreuzes mit Leichtigkeit zu erkennen ist. Zu diesem Zwecke dienen gemeinsam der Spiegel S und der kleine Rohrstutzen B. Durch Drehen des Spiegels wird das von einer Lampe kommende Licht nach unten geworfen und durch die im Fernrohr eingelagerte Vorrichtung der oben erwähnte helle Streifen erzeugt. Es ist am zweckmäßigsten, wenn der Schnittpunkt des Fadenkreuzes mit der untern Begrenzungslinie des Streifens zusammenfällt. Der Nutzen dieser Einrichtung ist ein doppelter. Erstens kann man den Schnittpunkt des Fadenkreuzes auch erkennen, wenn dieses auf die Mitte einer absolut dunklen Absorptionsbande eingestellt ist. Zweitens ist in einem Emissionsspektrum eine schmale helle Linie auf absolut dunklem Grunde genau auf den Schnittpunkt des Fadenkreuzes zu bringen.

Die Mikrometereinrichtung zur Ablesung der Wellenlänge besteht aus der Wellenlängenschraube G mit den beiden Trommeln M_1 und M_2 und dem Federgehäuse F. Die Mikrometerschraube ist so konstruiert, daß sie den Sinus des Winkels mißt, um den sie das Beobachtungsfernrohr T aus der Anfangslage herausdreht, und ist so beziffert, daß sie unmittelbar die Wellenlänge anzeigt. Auf der direkt über den Trommelskalen montierten Lupe ist ein Index J angebracht (wagrechter Strich im Glas), an welchem abgelesen wird. Man liest zuerst auf der Trommel M_1 (links) die ersten zwei Ziffern, z. B. 53, und auf der Trommel M_2 (rechts) die letzten zwei Ziffern 68 der vierstellig geschriebenen Wellenlänge 5368 ab. Dabei bedeutet ein Intervall der Trommeleinteilung M_2 eine Angström-Einheit oder $1/10\,\mu\mu$, also $\lambda = 5368$ A.-E. oder $536,8\,\mu\mu$.

Zur Beleuchtung des Spektroskops eignet sich am besten die Wolframfadenlampe (Nitrabirne 8 V $\sim$ 50 K), welche zur Vermeidung falschen Lichtes in einen Tubus eingeschlossen ist, auf Reiterstift mit hoher Säule montiert. Durch einen eingebauten Kondensor wird das Licht der Lampe gesammelt und auf den Spalt des Spektroskops so geworfen, daß beide Spaltschneiden gleichmäßig belichtet sind [2].

Lampe I wird in der Verlängerung der Achse des Instruments in einer Entfernung vom Spalt so gestellt, daß das Bild der glühenden Spirale der Birne mit dem

---

[1] Neuerdings wird das Instrument mit einem Doppelspalt (von Vierordt) versehen, um bei vergleichenden Versuchen jedes Spektrum für sich einstellen zu können.

[2] Man verwendet neuerdings auch Glühstrompunktlichtlampen (60 Volt, 1,3 Amp.).

Spalt des Spektroskops genau zusammenfällt. Durch eine solche Konzentration des Lichtes erzielt man eine sehr intensive Beleuchtung des Apparates. Lampe II wird senkrecht zur Achse des Spektroskops aufgestellt (siehe Zeichnung), ebenfalls so, daß das Bild des Glühfadens durch die Beleuchtungsöffnung BO via Vergleichsprisma auf den Spalt fällt. Um Spektralapparat und Lampen leichter richtig aufeinander einzustellen, ist es vorteilhaft, das Instrument zuerst senkrecht bzw. wagrecht zu stellen, was durch die Fußschrauben P_1 und P_2 ermöglicht wird. Dann werden die brennenden Lampen in die richtige Höhe, Richtung und Entfernung gebracht und mit und ohne eingeschaltetem Vergleichsprisma und schwach geöffnetem Spalt (ca. 0,5 mm) die Spektra beobachtet. Diese müssen genügend hell und rein erscheinen und dürfen durch keine dunkle Querlinien oder durch Streifen gestört werden. Erstere rühren vom etwas verstaubten Spalte her.

Die stark störende Streifung wird dadurch verursacht, daß die Achsen der Lichtquellen nicht ganz mit den optischen Achsen des Instrumentes zusammenfallen. Es genügt manchmal nur eine geringe Verschiebung der betreffenden Lampe, um diesem Übel abzuhelfen. Oft kann man sich auch damit behelfen, daß man durch Drehen der Fußschrauben P_1 und P_2 die Lage des Apparates um ein geringes ändert.

Bei der qualitativen spektroskopischen Untersuchung der Farbstoffe verwendet man gewöhnliche Reagenzgläser oder planparallele Küvetten von 1—2 cm Dicke, und nur zur Untersuchung sehr stark verdünnter Lösungen breitere Eprouvetten. Die Reagenzgläser mit den Farblösungen klemmt man am besten in ein nicht zu schweres Laboratoriumsstativ, dessen Grundplatte mit Tuch oder Filz beklebt ist, damit man es auf dem Tische während der Beobachtung leicht um kleine Beträge hin- und herschieben kann. Planparallele Küvetten werden aufgestellt. Die Eprouvetten mit den Lösungen bringt man dicht vor den beleuchteten Spalt des Spektroskops, so daß die Lichtstrahlen erstere diametral passieren. Werden gewöhnliche Reagenzgläser zu den Untersuchungen verwendet, so sind solche aus dünnem, gleichmäßigem und farblosem Glase von möglichst gleichem Durchmesser (ca. 10—20 mm) vorzuziehen. Ferner sind bei Gebrauch von solchen Gläsern die Lichtquellen in etwas größerer Entfernung vom Spalte aufzustellen, weil die mit Flüssigkeit gefüllten Gläser infolge ihres linsenartigen Querschnittes als Kondensor wirken.

Die Stellung der Skala am Spektralapparat gegenüber dem Spektrum muß vor jeder Untersuchung und überhaupt öfters kontrolliert werden. Die Skala kontrolliert man durch Messung der Flammenspektren von Salzen des Na (589,6 und 589,0), Li (670,8), Sr (460,7) usw. und vergleicht die Messungen mit den oben in Klammern angegebenen Wellenlängen. Man stellt zuerst das Okular Ok des Fernrohres T scharf auf das beleuchtete Fadenkreuz (durch Drehen von R_1), dann beleuchtet man den fast geschlossenen Spalt des Spektralapparates mit der Na-Flamme und stellt mit Schraube R_2 sorgfältig auf die Na-Linien ein, bis diese scharf erscheinen. Dann ermittelt man die Wellenlänge durch Einstellen des Fadenkreuzes auf eine der beiden Linien. Die Einstellung wird erleichtert durch Benützung des Absorptionsspektrums, indem die Na-Flamme vor den von der Beleuchtungslampe bestrahlten Spalt gebracht wird. Die Na-Linien erscheinen dann auf hellem Grunde als sehr scharfe schwarze Linien, welche die unangenehme Eigenschaft der Überstrahlung nicht zeigen. Eine eventuell sich ergebende kleine Differenz wird notiert und die diesbezügliche Korrektur bei den Untersuchungen eingeführt [1].

---

[1] Man vergesse nicht, die Spaltvorrichtung von Zeit zu Zeit auf ihre Leistung zu prüfen. Zu diesem Zwecke beleuchtet man den Spektralapparat mit

Während der Arbeit darf weder das Okular noch das auf die Na-Linie scharf eingestellte Fernrohr beliebig verschoben werden (R_1 und R_2), da sonst das Spektrum und infolgedessen auch die Absorptionsstreifen an Schärfe verlieren würden. Im Falle einer unwillkürlichen Verschiebung muß von neuem auf die Na-Linie eingestellt werden.

Zur Untersuchung von Farbstoffen muß das Instrument unbedingt mit einem symmetrischen Spalt versehen sein, da man nicht selten genötigt ist, mit verschieden breitem Spalte zu arbeiten. Bei der Beobachtung der Absorptionsspektra im äußersten Rot oder Violett ist man nämlich oft gezwungen, den Spalt etwas weiter zu öffnen, um die Absorptionsstreifen im Rot und Violett besser sehen zu können. Lösungen, welche auch bei starker Verdünnung ziemlich dunkel bleiben, muß man ebenfalls mit etwas mehr geöffnetem Spalte untersuchen. Abgesehen davon ist es bequemer, den Spalt mehr oder weniger zu öffnen, als die Lösung zu verdünnen, wenn man den gewünschten Verdünnungsgrad nicht gerade getroffen hat. Man beobachte jedoch alle Absorptionsspektra möglichst bei einer und derselben Spaltbreite, und zwar bei möglichst schmalem Spalte, um die Spektra genügend scharf zu erhalten.

Um die schwächsten Streifen im Spektrum wahrnehmen zu können, schwächt man die Intensität des Lichtes durch möglichstes Schließen des Spaltes ab, wodurch schwache Streifen meistens deutlicher auftreten. Ferner werden schwache Streifen sichtbarer, wenn während des Beobachtens das Fernrohr hin- und herbewegt wird. Der bewegte Streifen ist wahrnehmbarer als der ruhende. Zu diesem Zwecke ist das Instrument so eingerichtet, daß das Fernrohr T (welches mit Daumen und Zeigefinger der linken Hand am Ring R_1 gehalten wird, während mit der rechten Hand die Mikrometerschraube gedreht wird) mit dem Arm Y um die Achse A nach links bewegt werden kann. Eine Feder (im Federgehäuse F) treibt die ganze Fernrohreinrichtung von selbst wieder in ihre Ruhelage auf der auf dem festgelagerten Arm Z eingebauten Mikrometerschraube zurück. Durch dieses vorsichtige Hin- und Herbewegen wird das ganze Spektrum im Gesichtsfeld von rechts nach links und umgekehrt verschoben. In der Ruhelage des Fernrohrs gibt die Mikrometerschraube die vom Fadenkreuz bestrichene Wellenlänge des Spektrums an. In manchen Fällen hilft aber dieses Verfahren nicht und man bedient sich daher mit Vorteil dünner Platten aus ganz schwach gefärbtem Rauchglase, welche man in einer Hülse, die über das Okular geschoben wird, vorschalten kann. Bei der Einschaltung dieser Platten wird das ganze Spektrum gedämpft und die sonst kaum sichtbaren Streifen treten deutlicher hervor.

Die Lage der Absorptionsstreifen wird auf folgende Weise bestimmt: Die Farbstofflösung wird mit dem betreffenden Lösungsmittel soweit verdünnt, daß der im Spektrum auftretende Absorptionsstreifen, dessen Lage man messen will, möglichst schmal, dabei aber genügend sichtbar ist. Man verdünnt so stark, damit intensiv auftretende Streifen in ihrer richtigen Lage gesehen werden können. Die Verdünnung ist richtig, wenn der Absorptionsstreifen an der genügenden Schärfe zu verlieren und zu verblassen anfängt. Sind mehrere Streifen im Spektrum vorhanden, so wird zuerst der schwächste Streifen gemessen, dann wird die Lösung entsprechend weiter verdünnt, der zweite stärkere Streifen gemessen, und schließlich bestimmt man nach weiterer passender Verdünnung der Lösung die Lage des stärksten Streifens (Hauptstreifen).

Na-Licht, stellt das Fadenkreuz des Fernrohrokulares genau auf die Mitte der beiden Na-Linien ein und nun öffnet man langsam den Spalt. Die Na-Linien müssen sich vom Kreuzpunkt der beiden Fäden gleichmäßig nach beiden Seiten erweitern und beim Schließen des Spaltes wieder gleichmäßig verengen.

Die Lage der Absorptionsstreifen wird dadurch bestimmt, daß man mittels der Mikrometerschraube das Fadenkreuz des Fernrohres auf die dunkelste Stelle des Absorptionsstreifens einstellt und dann auf der Skala der Mikrometertrommel abliest. Man macht mehrere Einstellungen, sowohl von der roten als auch von der violetten Seite her, und nimmt schließlich das Mittel aus allen Beobachtungen. Die Endpunkte der Absorption und die Lage der Minima sollen jeweils auch mitbestimmt werden, um nachher beim Aufzeichnen des Diagramms ein möglichst exaktes Bild vom Abfall der Intensität geben zu können. Die Differenzen der Ablesungen der Dunkelheitsmaxima werden meistens als Fehlergrenze angegeben. Diese beträgt je nach der Schärfe der Streifen bis $\pm 3\ \mu\mu$. Ja es können, namentlich bei Azofarben, verschwommene Absorptionen auftreten, bei welchen man sich mit der Erzielung einer Genauigkeit von $\pm 5\ \mu\mu$ begnügen muß. Die Resultate der Spektralbeobachtungen werden in eine vorgezeichnete Wellenlängenskala eingezeichnet. Die Absorptionsstreifen werden durch höhere oder niedere Kurven, welche die Form und Intensität der Streifen andeuten, dargestellt.

Bei der Untersuchung der Spektra muß man unterscheiden, ob man Absorptionsspektra bloß beobachten oder ihre Lage messen will. Bei der bloßen Beobachtung muß das Spektrum bei verschiedener Konzentration in gleicher Schichtdicke (oder auch bei gleicher Konzentration in verschiedener Schichtdicke) beobachtet werden, weil dadurch Farbstoffe verschiedener chemischer Klassen nachgewiesen oder unterschieden werden können. Bei der Messung der Lage der Absorptionsstreifen muß man die Lösung bis zur „Grenzverdünnung" verdünnen, da nur bei dieser Konzentration die Lage der Streifen bei sämtlichen Farbstoffen konstant bleibt. Diese Grenzverdünnung, welche für jeden Farbstoff je nach seinem größeren oder geringern Absorptionsvermögen verschieden ist, muß bei der qualitativen Untersuchung der Farbstoffe (wofür dieser Spektralapparat speziell gebaut ist) nicht genau eingehalten werden, wird aber leicht durch eine kurze Übung gefunden.

Die Lösungsmittel müssen rein und vollkommen klar, ferner Wasser und Alkohole neutral sein, da sich manche Farbstoffe schon mit Spuren von Säure oder Alkali verändern. Überhaupt muß bei der ganzen Arbeit die peinlichste Sauberkeit beobachtet werden. Auch die Farbstofflösungen müssen vollständig klar sein, trübe Lösungen stören die Beobachtung erheblich. Ebenso können kolloidale Lösungen ein völlig verändertes Absorptionsspektrum zeigen.

B. Charakterisierung der Diazokomponenten.

Wollte man die Identifizierung sämtlicher Diazokomponenten der Azofarbenindustrie beschreiben, so würde das ein großes Werk ausfüllen. Es handelt sich daher hier nur um eine Auswahl der allerwichtigsten Produkte. Prinzipiell kann jede Reaktion auf die Aminogruppe sowie auf die weiteren Substituenten zur Charakterisierung herangezogen werden, so daß die hier angegebenen Methoden nur eine Möglichkeit, allerdings nach unseren Erfahrungen die beste, darstellt. Zur Kontrolle der Resultate müssen aber wenn immer möglich auch die übrigen Methoden der organischen Chemie zu Hilfe gezogen werden. Einige Körper, wie die Aminophenole und die p-Diamine, die auch Spaltprodukte von wichtigen Kupplungskomponenten sein können, sind in diesem

Abschnitt behandelt, da sie auch als Diazokomponenten Verwendung finden. Im allgemeinen werden aus der Reduktionslösung die Diazokomponenten als diejenigen Amine zurückgewonnen, von denen bei der Darstellung der Farbstoffe die Diazoverbindungen sich abgeleitet haben. Ausnahmen machen die Nitroamine, deren Nitrogruppe reduziert wird. Bei der Reduktion mit Zinnchlorür und Salzsäure werden acylierte Aminogruppen, z. B. in p-Aminoacetanilid, verseift. Führt man die Reduktion mit Jodwasserstoffsäure im Bombenrohr aus, so können Sulfogruppen abgespalten werden. Ebenso können Unregelmäßigkeiten eintreten bei der Reduktion von gewissen Lackfarbstoffen, die infolge der besonderen Löslichkeitsverhältnisse ein Arbeiten in Eisessig usw. verlangen.

Die Isolierung der Diazokomponenten aus der Reduktionslösung richtet sich ganz nach ihrem chemischen Charakter, über den man sich in einem Vorversuch orientiert. Die einfacheren unsulfurierten Monoamine lassen sich am besten aus der neutralen oder schwach alkalischen Lösung mit Wasserdampf abtreiben, oder man extrahiert sie mit Äther oder Benzin. Da man oft ziemlich verdünnt arbeitet, scheiden sich die Aminophenole und Diamine auch aus der neutralen Lösung nicht immer ab. Die carboxylierten wie die monosulfurierten Derivate sind in kalter verdünnter Säure meistens schwer löslich, während sie, wie z. B. die Sulfanilsäure, in konzentrierter Salzsäure erheblich löslich sind. Die Disulfosäuren können mit Kochsalz ausgesalzen werden oder dann müssen sie durch Eindampfen gewonnen werden.

Die Bestimmung von unsulfurierten Aminen wird auf Grund von deren Schmelz- und Siedepunkten, sowie auf Grund der physikalischen Konstanten von deren Derivaten ausgeführt. Mit Hilfe von ,,Mischproben" ist es dann immer möglich, eindeutige Aussagen zu machen. In der organischen Chemie ist es allgemein üblich, die Amine in die Acetylderivate überzuführen. Für unsere Zwecke eignen sich die Benzoylderivate aber besser, da ihre Darstellung einfacher und sozusagen auf alle Spaltprodukte anwendbar ist. Man schüttelt das Amin in alkalischwässeriger Suspension mit Benzoylchlorid, wobei das Benzoylderivat sich sofort ausscheidet. Durch Auswaschen und Umkristallisieren aus Alkohol, Eisessig usw. wird es gereinigt. Ebenso glatt werden in Polyaminen sämtliche Aminogruppen acyliert, wobei man nur durch Eiszusatz dafür sorgen muß, daß das Reaktionsgemisch sich nicht zu stark erhitzt. In Aminooxyverbindungen werden sowohl an die Aminogruppen als an die Oxygruppen Benzoylreste gebunden. Durch Kochen mit Bariumkarbonat[1] kann die am O gebundene Benzoylgruppe unter

---

[1] Hübner Ann. 210 (1881), 384.

Bildung eines Benzoylaminophenols abgespalten werden. Verschiedene dieser Körper sind zuerst von O. Hinsberg und L. v. Udransky[1] hergestellt worden. Die Benzoylierung von o-Diaminen und o-Aminophenolen in der Kälte führt immer zu Diacylderivaten im Gegensatz zur Acetylierung. Aus o-Diaminen entstehen durch Acetylierung Methylbenzimidazole (E. Bamberger und J. Lorenzen[2]) und aus den o-Aminophenolen Aethenylaminophenole oder Methylbenzoxazole (Ladenburg[3]).

Methylbenzimidazol   Methylbenzoxazol

Die entsprechenden Phenylderivate werden erhalten durch Erhitzen der Diamine oder Aminophenole mit Benzoylchlorid.

Auch die Benzoylderivate von Benzidin und einiger seiner Homologen und Substitutionsprodukte findet man in der Literatur beschrieben. Durch Kochen mit Benzoylchlorid in Toluol wird nach dem D. R. P. 60 332 der Soc. an. des Matières Colorantes de St. Denis[4] in Paris nur eine Aminogruppe acyliert, während durch Erhitzen ohne Lösungsmittel zwei Benzoylreste gebunden werden (Biehringer und Busch[5]; P. Cohn[6]). Unterschiede zwischen Benzidin und o,o'-Dichlorbenzidin finden sich ferner in dem D. R. P. 94 410[7] angegeben.

o-Diamine (aus o-Nitraminen) werden mit o-Diketonen wie Phenanthrenchinon, Acenaphthenchinon, Glyoxal, Benzil usw. zu Azinen kondensiert. Am besten eignen sich zur Charakterisierung aber die Phenanthrazine, da sie sich in konzentrierter Schwefelsäure mit intensiver roter bis braunroter Farbe lösen. Das Phenanthrenchinon wird am bequemsten hergestellt nach den Angaben von Anschütz und Schultz[8] durch Oxydation von Phenanthren mit Bichromat in schwefelsaurer Lösung. Wird die Operation langsam und sorgfältig ausgeführt, so können aus reinem Phenanthren leicht Ausbeuten von bis zu 90% an aus Bisulfit umgefällter Ware vom Smp. 201° erhalten werden. Die Kondensation mit dem Diamin erfolgt sehr leicht und wird bei den einfachen Diaminen der Benzolreihe wie bei den o-Diaminonaphtholsulfosäuren gleich ausgeführt. Man löst das Phenanthrenchinon heiß in Natriumbisulfitlösung und fügt die heiße Lösung des Diamins in wenig Wasser zu. Ist die Diaminlösung sauer (etwas Säure muß oft zugegeben werden, wenn das Diamin in Wasser zu schwer löslich ist), so muß ein Überschuß an Bi-

---

[1] Ann. 273 (1893), 269.
[2] Ann. 254 (1889), 256.
[3] Ber. 9 (1846), 1527.
[4] Friedl. III (1891), 24.
[5] Ber. 35 (1902), 1969.
[6] Ber. 33 (1900), 3554.
[7] Friedl. IV (1896), 73.
[8] Ann. 196 (1876), 38.

sulfit vorhanden sein, damit durch die Säure das überschüssige Chinon nicht gefällt wird. Das Phenanthrazin fällt meist nach wenigen Minuten flockig aus, die Lösung wird aber zur vollständigen Abscheidung noch eine Stunde nahe dem Siedepunkt gehalten. Nach dem Erkalten wird der nun gut filtrierbare Niederschlag abgenutscht. Die Phenanthrazine der Naphthylendiaminsulfosäuren sind in Wasser leicht löslich und müssen entweder durch Eindampfen oder durch Aussalzen mit Chlorkali gewonnen werden. Die wichtigsten Diazokomponenten wurden in Azofarbstoffe übergeführt und deren Absorptionsbanden bestimmt. Um auf alle Fälle Wasserlöslichkeit zu erreichen, sind unsulfurierte Amine mit reinem R-Salz, sulfurierte mit β-Naphthol gekuppelt worden.

Der Einfluß der Substituenten kann sich auf zwei Arten bemerkbar machen, entweder in einer Verstärkung der Absorptionskraft bei gleichbleibender Nuance oder in einer Verschiebung der Lage der Absorptionsbanden. Das Resultat vieler Versuchsreihen ist folgendes[1]:

1. Bei der Untersuchung des Einflusses von Sulfogruppen darf Schwefelsäure nicht als Lösungsmittel angewendet werden.

2. Sulfogruppen verschieben den Farbton immer nach blau, und zwar die erste um einen Betrag von ca. 20 $\mu\mu$, die weiteren um immer kleiner werdende Beträge.

3. Die übrigen Substituenten haben nur geringen Einfluß auf die Nuance, der sowohl negativ (hypsochrom = Verschiebung nach gelb) als auch positiv (bathochrom = Verschiebung nach blau) sein kann, dagegen wirken sie farbverstärkend. Die Verschiebung der Absorptionsbanden hängt von der Kupplungskomponente ab.

Es gelingt aber doch, sofern reine Farbstoffe vorliegen, deren Diazokomponenten mit Hilfe des Spektroskopes zu bestimmen. Ist die Identifizierung oft auch nicht ganz eindeutig, so dient das Resultat doch immerhin zur Orientierung. Die Farbstoffe können alle aus wässerigem Alkohol umkristallisiert werden. Um Oxydation beim Trocknen zu vermeiden, werden sie auf dem Filter mit Alkohol und Äther gewaschen und trocken gesaugt. Die Resultate finden sich auf S. 91 zusammengestellt.

Zur Bestimmung von β-Naphthol- und Naphthol AS-Färbungen haben F. M. Rowe und C. Levin[2] die wichtigeren Diazokomponenten mit β-Naphthol und 2, 3-Oxynaphthoesäurearylamiden kombiniert und die Lösungsfarben und die Schmelzpunkte der entstehenden Farbstoffe mitgeteilt. Diese Daten, die ebenfalls zur Charakterisierung herbeigezogen werden können, sind auf S. 95 abgedruckt.

---
[1] Siehe Diss. Wanner, Meuly, Gallup, Dinner, E. T. H. Zürich 1922/27. H. E. Fierz-David, Künstl. organische Farbstoffe, 38. Z. f. angew. Chemie 38 (1925), 513.
[2] Journ. of the Soc. of Dyers a. Colourists 1924, 218.

Spaltprodukte der Chrysoidinreihe.

Als weiteres Hilfsmittel zur Charakterisierung, besonders von Sulfosäuren, sei das Mikroskop sehr empfohlen. Durch Betrachtung der Kristallform können Isomere meistens auseinandergehalten werden. Das ist z. B. die einfachste Methode, um o- und p-Sulfanilsäure von einander zu unterscheiden, wie auf Tafel 1 im Anhang gezeigt ist. Die wenigen dort reproduzierten Mikroaufnahmen sollen auf diese weitere Möglichkeit der Bestimmung hinweisen.

C. Charakterisierung der Kupplungskomponenten.

1. Spaltprodukte der Chrysoidinreihe.

Läßt man auf m-Diamine der Benzolreihe eine Diazoverbindung einwirken, so tritt Kupplung an der mit einem Pfeil bezeichneten Stelle ein, wie schon O. N. Witt[1] durch Spaltung gezeigt hat. (Siehe auch M. P. Schmidt und Hagenböcker[2].

[Strukturformeln: vier Benzolringe mit NH_2-Gruppen, teils mit CH_3, Cl, SO_3H substituiert]

Durch Spaltung derartiger Monoazofarbstoffe erhält man also 1, 2, 4-Triamine, die in 5-Stellung substituiert sein können. Analog tritt Kupplung ein mit Resorcin, bewiesen durch Weselsky[3], Rich. Meyer und Hans Kreis[4].

[Strukturformel: Benzolring mit zwei OH-Gruppen]

Bringt man ein weiteres Molekül Diazokörper mit dem Monoazofarbstoff in Reaktion, so läßt sich die Stellungsfrage bei den substituierten Diaminen ohne weiteres entscheiden. Kupplung in m-Stellung zu einer Aminogruppe ist an und für sich ausgeschlossen, so daß den Farbstoffen nur folgende Konstitution zukommen kann. Schmidt und

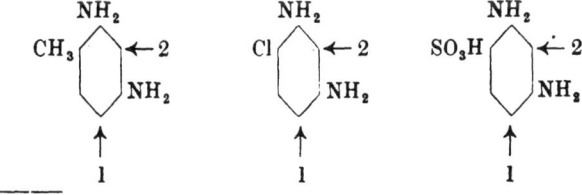

---

[1] Ber. 10 (1877), 350.
[2] Ber. 54 (1921), 2191.
[3] Ann. 164 (1872), 6.
[4] Ber. 16 (1883), 1330.

Hagenböcker[1] haben durch Oxydation des primären Disazofarbstoffes aus m-Toluylendiamin und zwei Mol Anilin 2,5-Diphenyl-7-methyl-1, 3, 4,6-benzbitriazol erhalten,

womit die Annahme bestätigt ist. Beim m-Phenylendiamin sind zwei Möglichkeiten offen.

Auch dieses Problem ist durch Schmidt und Hagenböcker gelöst worden, indem sie durch Oxydation des entsprechenden Disazofarbstoffes ein Gemisch von zwei isomeren Benzbitriazolen in ungefähr gleichen Teilen erhalten haben, das sie auf Grund verschiedener Löslichkeiten trennen konnten.

p-Benzbitriazol und o-Benzbitriazol

Durch Reduktion derartiger Disazofarbstoffe erhält man also ein Gemisch von 1, 2, 3, 4- und 1, 2, 4, 5-Tetraminobenzol.
Die Tri- und Tetramine, die sich von folgenden Diaminen ableiten

[1] loc. cit.

sind alle sehr autoxydabel und aus neutraler oder alkalischer Lösung nicht genügend rein zu erhalten. Mit Ausnahme der Derivate der Phenylendiaminsulfosäure sind sie in Form der Chlorhydrate sehr gut, in Form der Sulfate etwas weniger gut, in Wasser löslich. Die Salze können aus der entzinnten und im Vakuum eingedampften Reduktionslösung mit Alkohol gefällt werden. In reinem, trockenem Zustande sind es gelblich weiße, mikrokristallinische Pulver, die verhältnismäßig beständig sind. Doch werden sie auch im geschlossenen Rohr nach wenigen Wochen braun. Am wenigsten haltbar ist das Gemisch der Tetraminobenzole.

Zu ihrer Charakterisierung dienen verschiedene Reaktionen, so das Verhalten in alkalischer Lösung, in welcher sie je nach der Alkalinität rasch oder langsam durch die Luft oxydiert werden. In ihrem Verhalten gegen Oxydationsmittel lassen sie sich kaum voneinander unterscheiden, dagegen läßt sich damit die Zugehörigkeit zur Gruppe feststellen. Einzig aus 2,4,5-Triaminotoluol kann durch Oxydation mit Ferrichlorid ein schön kristallisiertes Produkt erhalten werden, dem nach Analyse wahrscheinlich eine der folgenden Konstitutionen zukommt.

$$HCl \cdot NH_2 \underset{N}{\overset{N}{\underset{\diagdown}{\diagup}}} \underset{NH_2 \cdot HCl}{\overset{CH_3}{}} + 2\,H_2O \quad \text{oder} \quad HCl \cdot NH_2 \underset{N}{\overset{N}{\underset{\diagdown}{\diagup}}} \underset{CH_3}{\overset{NH_2 \cdot HCl}{}} + 2\,H_2O$$

Das Chlorhydrat ist in Wasser und Alkohol mit prächtig kirschroter Farbe löslich und läßt sich durch Kochsalz ausfällen. Auf Zusatz von Alkalien fällt die gelbe Base aus.

Alle Spaltprodukte der Chrysoidinreihe gehen durch Kondensation mit o-Diketonen in Azine über. Mit Phenanthrenchinon entstehen Aminophenanthrazine (Witt[1], Heim[2]), deren Lösungen in konzentrierter Schwefelsäure sich durch charakteristische Absorptionsspektra auszeichnen. Beim Verdünnen der braunroten schwefelsauren Lösung mit Wasser wird die Lösung zuerst gelb und dann wieder rot infolge der Bildung von rot gefärbten Sulfaten, wodurch sie sich von den Phenanthrazinen ohne Aminogruppe unterscheiden. Beim Auswaschen der braunroten Sulfate mit Wasser schlägt deren Farbe wieder nach gelborange um, was offenbar auf Dissoziation zurückzuführen ist. Ein weiterer Unterschied besteht darin, daß Aminophenanthrazine in Äther oder Pyridin gelöst intensiv grün fluoreszieren, die Phenanthrazine aber keine Fluoreszenz aufweisen.

Die Tribenzoylderivate der Triamine lassen sich nach Hinsberg und Udransky[3] sehr leicht nach der Methode von Schotten-Bau-

---
[1] Ber. 19 (1886), 445. [2] Ber. 21 (1888), 2306.
[3] Ann. 254 (1889), 256.

mann durch Schütteln mit Benzoylchlorid in wässeriger Lösung herstellen. Sie lassen sich aus Eisessig oder viel Alkohol umkristallisieren und besitzen einen charakteristischen Schmelzpunkt. Ebenso leicht lassen sich die Tetramine benzoylieren, doch eignen sie sich nicht so gut zur Charakterisierung. Sie schmelzen etwas höher als die entsprechenden Triaminoderivate (bei ungefähr 300⁰).

Die Derivate der Phenylendiaminsulfosäure erkennt man innerhalb der Gruppe auf Grund der besonderen Löslichkeitsverhältnisse und am Gehalt an Schwefel.

2. Naphthylendiamine und deren Sulfosäuren[1].

Durch Reduktion von Azofarbstoffen, die als Kupplungskomponente Naphthylamin enthalten, erhält man entweder 1,2- oder 1,4-Naphthylendiamine. o-Diamine erhält man aus β-Naphthylaminfarbstoffen, sowie aus Farbstoffen, die Naphthylaminsulfosäure 1,4 (Naphthionsäure) oder 1,5 (Laurentsche Säure) enthalten. Aus Farbstoffen mit α-Naphthylamin oder dessen Sulfosäuren mit freier 3,4 oder 5-Stellung erhält man p-(1,4)-Diamine.

Die beiden unsulfurierten Naphthylendiamine lassen sich an Hand ihrer Schmelzpunkte und an jenen ihrer Benzoyl- und Acetylderivate identifizieren. Durch Oxydation mit Chromsäure, Ferrichlorid oder salpetriger Säure werden sie in die entsprechenden Chinone übergeführt. Das o-Diamin kann mit Phenanthrenchinon zum Phenanthrazin kondensiert werden.

Die Sulfosäuren fallen aus der entzinnten Reduktionslösung beim Erkalten aus. Reduziert man mit Hydrosulfit, so können sie durch Ansäuern abgeschieden werden. Zur Reinigung werden sie unter Zusatz von Tierkohle aus neutraler Sulfitlösung umgefällt.

Die o-Naphthylendiaminsulfosäuren geben mit verdünnter Ferrichloridlösung sehr charakteristische Grünfärbungen. Mit Phenanthrenchinonbisulfit erhält man in Natriumacetatlösung gelbe Niederschläge der Naphthophenanthrazinsulfosäuren, die durch Kalischmelze in die Eurhodole (Oxynaphthophenanthrazine) übergeführt werden. (O. N. Witt[2]).

Sowohl die Azinsulfosäuren als die Eurhodole geben in konzentrierter Schwefelsäure intensiv gefärbte Lösungen mit charakteristischem Absorptionsspektrum. Durch Einwirkung von salpetriger Säure gehen die o-Diaminsulfosäuren in die Azimidosäuren über.

---

[1] Siehe Diss. Wegmann E. T. H. Zürich, 1926. Fierz, Künstl. organ. Farbstoffe, 672; R. B. Forster u. T. H. Hanson, Journ. Soc. of Dyers a. Col. 1926, 272.
[2] Ber. 21 (1888), 3458.

Naphthylendiamine und deren Sulfosäuren. 29

[Reaction scheme showing naphthalenediamine sulfonic acid + quinone → intermediate → Eurhodol, with KOH]

Eurhodol.

p-Diamine erhält man aus der 1,8-Phenylnaphthylaminsulfosäure und aus den Naphthylaminsulfosäuren 1,6 und 1,7 von Cleve. Die Aminophenylperisäure kann diazotiert und mit Resorcin in sodaalkalischer Lösung zu einem braunen Azofarbstoff gekuppelt werden. Aus den Strukturformeln der beiden Clevesäuren ist leicht ersichtlich, daß durch Spaltung von Farbstoffen aus der 1,6- als aus der 1,7-Säure die selbe Aminoclevesäure entsteht. Diese kann nur glatt diazotiert werden, wenn eine Aminogruppe acyliert ist. Dies geschieht am besten nach dem D. R. P. 116922 von Cassella[1], indem man die Aminoclevesäure mit Eisessig von 65—70% während 25 Stunden erwärmt, bis eine Probe wasserlöslich ist und auf Zusatz von Nitrit und Salzsäure keine Stickstoffentwicklung eintritt. Die Lösung läßt sich direkt diazotieren und mit R.-Salz kuppeln. Durch spektroskopischen Vergleich dieses Farbstoffes mit demjenigen aus Acetylaminoclevesäure, die über die Nitroclevesäure hergestellt wurde, ersieht man, daß wahrscheinlich immer einheitlich die gleiche Aminogruppe acetyliert wird.

[Two structural formulas of naphthalene derivatives: left with SO₃H, NHCOCH₃, NH₂ substituents; right with SO₃H, NH₂, NHCOCH₃ substituents labeled "nicht"]

---

[1] Friedl. VI, 215; siehe auch D. R. P. 109609 (Bayer), Friedl. V, 171.

3. Aminonaphthole und deren Sulfosäuren[1].

Bei der Kupplung von Diazoverbindungen mit α-Naphtholen tritt die Azogruppe im allgemeinen in p-Stellung zur Hydroxylgruppe ein, so daß man durch Reduktion derartiger Farbstoffe ein 1,4-Aminonaphthol erhält. Eine unerklärliche Ausnahme macht die Diazonaphtholsulfosäure 1, 2, 4 sowie deren Nitroderivat, die mit α-Naphthol in o-Stellung kuppeln. (Eriochromblauschwarz B, Eriochromschwarz T von Geigy.) Die α-Naphtholsulfosäuren kuppeln in 4-Stellung, sofern dieselbe, sowie auch die 3- und 5-Stellung nicht substituiert sind, sonst kuppeln sie auch in 2-Stellung. Beim β-Naphthol greift die Diazogruppe immer in die der Hydroxylgruppe benachbarte α-Stellung ein.

Es hat sich gezeigt, daß die Aminonaphtholsulfosäuren besser durch Reduktion mit Hydrosulfit als mit Zinnchlorür erhalten werden. Beim Ansäuern der Reduktionslaugen fallen sie als schwerlösliche, kristallinische Niederschläge aus, die durch Umfällen aus Natriumsulfit gereinigt werden.

Die unsulfurierten Aminonaphthole werden durch Oxydation in das α-, bzw. β-Naphthochinon übergeführt und als solche charakterisiert. An Hand von Farbenreaktionen, die auf der Oxydation durch Luftsauerstoff beruhen, können sie weiter voneinander unterschieden werden.

Die o-Aminonaphtholsulfosäuren (denn in allen wichtigen Spaltprodukten dieser Gruppe steht die Aminogruppe in o-Stellung zur Hydroxylgruppe) kristallisieren meist in charakteristischer Form, die eine Unterscheidung ermöglicht.

Ihre alkalischen Lösungen werden, auf Filterpapier gegossen, rasch unter Braun- oder Grünfärbung oxydiert. Die Färbungen der β-Amino-α-naphtholsulfosäuren sind intensiver als diejenigen der α-Amino-β-naphthole und gehen in violettschwarze Farbstoffe über, die schon von Reverdin und de la Harpe[2] untersucht worden sind. Dieser Farbenreaktionen hat sich auch Green bedient. Im Gegensatz zu den Naphtholsulfosäuren werden die Lösungen der o-Aminonaphtholsulfosäuren mit Ferrichlorid gelb bis braun gefärbt. Statt der gewöhnlichen Eisenchloridreaktion auf die phenolische Hydroxylgruppe (Salzbildung) tritt wahrscheinlich Oxydation ein.

Durch Einwirkung saurer Oxydationsmittel wie Salpetersäure (O. N. Witt[3]), Brom oder Bichromat (H. Teichner[4]) erhält man β-Naphthochinonsulfosäuren. T. Sandmeyer[5] hat gezeigt, wie man

---
[1] Siehe Diss. Wegmann, E. T. H. Zürich 1926; Fierz, Künstl. organ. Farbstoffe, 675. R. B. Forster u. T. H. Hanson, Journ. Soc. Dyers a. Col. 1926, 272.
[2] Ber. 25 (1892), 1400; Ber. 26 (1893), 1279.
[3] Ber. 24 (1891), 3157.   [4] Diss. München, 1906.
[5] D. R. P. 171 024, J. R. Geigy Basel, Friedl. VIII (1904), 640.

o-Aminonaphtholsulfosäuren diazotiert unter Zusatz von Kupfersalzen. Kalle u. Co.[1] hat etwas wenig später die Diazotierung dieser Säuren mit Zinknitrit in einem Patent sich schützen lassen. Diese Diazoverbindungen, die eine außerordentliche Beständigkeit besitzen, kombinieren sich meist schon in der Kälte mit Resorcin in alkalischer Lösung zu violettroten bis blauroten o-Oxyazofarbstoffen[2]. Mit Hilfe der Absorptionsspektren der alkalischen, bzw. sauren Farbstofflösungen kann die zugrunde liegende Aminonaphtholsulfosäure bestimmt werden. Hierbei hat sich in Übereinstimmung mit den Beobachtungen von W. Meuly[3] gezeigt, daß alle α-Naphtholderivate bedeutend säureechter sind als die entsprechenden Farbstoffe mit β-ständiger Hydroxylgruppe.

4. Aminodioxynaphthaline und deren Sulfosäuren [4].

In Frage kommen die Derivate von 1,5-Dioxynaphthalin, der Dioxynaphthalinsulfosäuren 1, 8, 4 (Dioxy-S-Säure), 2, 8, 6 (Dioxy-G-Säure) und der Dioxynaphthalindisulfosäure 1, 8, 3, 6 (Chromotropsäure). Analog wie α-Naphthol kuppelt 1,5-Dioxynaphthalin im allgemeinen in p-Stellung, mit Diazonaphtholsulfosäure 1, 2, 4 aber in o-Stellung. Die beiden isomeren Aminodioxynaphthaline können in ihrem Verhalten gegen Ferrichlorid unterschieden werden.

Bei der Reduktion mit Zinn und Salzsäure fallen die Monosulfosäuren direkt aus, während sich die Aminochromotropsäure erst auf Zusatz von Kochsalz ausscheidet. Die Aminodioxy-S-säure und die Aminochromotropsäure werden mit Bichromat zu Oxy-β-naphthochinonsulfosäuren oxydiert, die in überschüssiger Soda bläulichrote bis rote Lösungen ergeben. Die Aminodioxysäuren lassen sich in neutraler Lösung in Gegenwart von Kupfersalzen diazotieren und mit Resorcin in der Wärme zu blauen Farbstoffen kombinieren. Die Aminodioxy-G-Säure[5], wird als Periaminonaphtholsulfosäure in neutraler Lösung durch Luftsauerstoff rasch oxydiert. Man erhält rosarote Lösungen, deren Spektrum analog aussieht wie diejenigen der oxydierten Lösungen von 7-Amino-1,8-aminonaphtholsulfosäuren. Die leichte Oxydierbarkeit der Aminodioxy-G-säure hat auch zur Folge, daß man durch Diazotieren und Kuppeln mit Resorcin keine einheitlichen Produkte erhält, da die Diazolösung sich in alkalischer Lösung zum Teil unter Rotfärbung zersetzt.

---

[1] D. R. P. 175 593, Friedl. VIII (1904), 648.
[2] Siehe Patent von Geigy.
[3] Diss. E. T. H. Zürich 1923.
[4] Siehe Diss. M. Wegmann E.T.H. Zürich 1926, Fierz, Künstl. organ. Farbstoffe, 680; R. B. Forster u. T. H. Hanson, Journ. Soc. Dyers a. Col. 1926, 272.
[5] Auffallend ist, daß Dioxy-G-Säure wie Gamma-Säure sich nicht zu primären Disazofarbstoffen kombinieren läßt.

5. Di- und Triaminonaphtholsulfosäuren [1].

Diese lassen sich in drei Reihen einteilen, entsprechend den Darstellungsweisen der ihnen zugrunde liegenden Farbstoffe. Eine Ausnahme macht die 5 (?)-1-Diamino-2-naphthol-4-sulfosäure, die man erhält durch Reduktion von Farbstoffen aus 5 (?)-Nitro-1-diazo-2-naphthol-4-sulfosäure. Die zweite Aminogruppe ist in diesem Falle also nicht aus einer Azo-, sondern aus einer Nitrogruppe entstanden. Die Diaminosäure fällt aus der sauren Lösung nach Zusatz von Kochsalz aus und wird durch Umfällen aus Natriumsulfit gereinigt. Zu ihrer Charakterisierung wird sie diazotiert und mit β-Naphthol gekuppelt.

Die übrigen untersuchten Polyaminonaphtholsulfosäuren leiten sich von folgenden Säuren ab: Aminonaphtholsulfosäure 1, 5, 7 (M-Säure), 1, 8, 4 (S-Säure), 2, 5, 7 (J-Säure), 2, 8, 6 (Gamma-Säure); Aminonaphtholdisulfosäure 1, 8, 2, 4 (SS-Säure), 1, 8, 3, 6 (H-Säure), 1, 8, 4, 6 (K-Säure), 2, 8, 3, 6 (RR-Säure). Mit Diazoverbindungen kuppeln sie alle in alkalischer Lösung in o-Stellung zur Hydroxylgruppe. Gleich kuppeln die N-acylierten (in Frage kommen die Acetyl-, die Benzoyl- und die Toluolsulfamidosäuren) sowie die N-arylierten Säuren. Durch Spaltung derartiger Farbstoffe erhält man also o-Aminonaphtholsulfosäuren. Kuppelt man in saurer Lösung, so tritt die Azogruppe in o-Stellung zur Aminogruppe ein, so daß durch Spaltung Oxysulfosäuren von Naphthylendiaminen entstehen. Eine Ausnahme macht die Aminonaphtholsulfosäure 1, 5, 7 (M-Säure), die in 4-Stellung kuppelt. Aus den Strukturformeln der Aminonaphtholdisulfosäuren 1, 8, 3, 6 und 2, 8, 3, 6 geht ohne weiteres hervor, daß durch Reduktion der sauer gekuppelten Monoazofarbstoffe die identische Diaminonaphtholdisulfosäure 1, 2, 8, 3, 6 entstehen muß, was auch durch die Versuche bestätigt worden ist. Die Aminonaphtholdisulfosäure 1, 8, 2, 4 (SS-Säure) kuppelt nicht in saurer Lösung, da sowohl die o- als die p-Stellung zur Aminogruppe durch Sulfogruppen besetzt sind.

Die S-Säure und die J-Säure, die H-Säure und die K-Säure lassen sich als Mittelkomponente zu primären Disazofarbstoffen kombinieren, sofern die erste Kupplung sauer und die zweite alkalisch ausgeführt wird. Die Reduktion derartiger Farbstoffe führt zu Triaminonaphtholsulfo- bzw. -disulfosäuren.

Die Diaminonaphtholsulfosäuren aus den alkalisch gekuppelten Farbstoffen sind in Wasser schwer löslich, die Disulfosäuren hingegen ziemlich leicht löslich. Zu deren Gewinnung muß die Reduktionsbrühe eingedampft werden. Die 6-Amino-M-säure ist die einzige, die sich

---
[1] Siehe Dissertationen A. Peter, M. Wegmann, H. Mayer E. T. H. Zürich 1926; Fierz-David, Künstl. organ. Farbstoffe, 681; R. B. Forster u. T. H. Hanson, Journ. Soc. Dyers a. Col. 1926, 272.

diazotieren läßt, die anderen werden durch die salpetrige Säure oxydiert. Die Angaben von Green, daß die 6-Amino-J-säure und die 7-Amino-γ-säure sich diazotieren und mit β-Naphthol kuppeln lassen, stimmen nicht, da die von Green beschriebenen dunkelbraunen bis dunkelroten Lösungen nichts anderes als die Oxydationsprodukte enthalten.

Auf Zusatz von Natriumacetat werden die wässerigen Lösungen durch Luft in der Kälte langsam, in der Hitze rasch oxydiert. Es entstehen intensiv gefärbte Lösungen mit charakteristischen Absorptionsspektren. Dieselben Farbreaktionen erhält man auch mit milden Oxydationsmitteln. Es entstehen wahrscheinlich Naphthochinone, die vielleicht mit einem weiteren Molekül sich kondensieren, analog der Bildung des ziegelroten Oxynaphthochinonanils von Zinke[1].

Die Aminoarylsäuren sind die weitaus unbeständigsten Spaltprodukte dieser Gruppe. Wenn die Aufarbeitung der Reduktionslösung nicht rasch und sorgfältig durchgeführt wird, verharzt der größte Teil derselben. Deren Oxydationsprodukte sind farbig, doch ist die spektroskopische Untersuchung nur bei einigen dieser Säuren möglich, da entweder Pseudolösungen oder nicht einheitliche Farbstoffe entstehen.

Die Aminoacetylsäuren können nur durch Reduktion mit Hydrosulfit erhalten werden, da die Acetylgruppe durch Behandlung mit siedender Salzsäure abgespalten wird. Sie sind ziemlich beständig und zeigen keine charakteristischen Reaktionen. Die Charakterisierung geschieht am besten durch Verseifung mit Schwefel- oder Salzsäure und durch Bestimmung der Verseifungsprodukte. Die Aminobenzoylsäuren werden sowohl durch saure als durch neutrale Reduktion gewonnen, während der p-Toluolsulfosäurerest bei der sauren Reduktion abgespalten wird. Auch sie sind gegen Oxydationsmittel beständig und werden zur Charakterisierung verseift. Man kocht z. B. während 10 Stunden mit 10%iger Schwefelsäure, stumpft die Säure mit Natriumacetat ab und schüttelt die Lösung an der Luft. Durch Bestimmung des Spektrums der oxydierten Lösung kann die Diaminonaphtholsulfosäure bestimmt werden. In einer zweiten Probe wird durch Extraktion mit Äther der Acylrest gewonnen. Die Aminobenzoyl-H- und -K-Säure lassen sich merkwürdigerweise diazotieren, und zwar ohne Zusatz von Kupfersalzen, was sich vielleicht durch Annahme eines inneren Salzes der Diazogruppe mit der benachbarten Sulfogruppe erklären ließe:

Diazokörper aus Aminobenzoyl-H-   Aminobenzoyl-K-Säure

[1] Ber. 14 (1881), 1493.

Charakterisierung der Spaltprodukte.

Die Reduktionsprodukte der sauer gekuppelten Farbstoffe sind alle o-Diamine, mit Ausnahme der 4-Amino-M-Säure (siehe oben). Sie sind mit Ausnahme der Amino-M-Säure schwer löslich. In alkalischer Lösung sind alle luftempfindlich und geben charakteristische Färbungen, die man auch mit Oxydationsmitteln erhält. Charakteristisch ist die Bildung von Phenanthrazinen, die sich in konzentrierter Schwefelsäure blau bis blaugrün lösen. Es sind gelbe Wollfarbstoffe, die zum Teil im D. R. P. 90212[1] beschrieben sind. Die 2-Amino-H-Säure (gleich 1-Amino-RR-Säure), sowie die 2-Amino-K-Säure werden mit salpetriger Säure in Azimide übergeführt, während die anderen Säuren vollständig, wahrscheinlich unter Bildung von Naphthochinonen, oxydiert werden.

$$\text{2-Amino-H-Säure} + HNO_2 \rightarrow \text{Azimid} + RN_2Cl \rightarrow \text{Azofarbstoff des Azimids.}$$

Die Ausbeute an Azimid ist am größten beim Diazotieren in der Kälte. Ihre Lösungen ändern die Farbe im Gegensatz zu den Oxydationsprodukten kaum bei Zusatz von Soda. Infolge der Hydroxylgruppe kann man Diazokörper mit Azimiden zu Azofarbstoffen kombinieren, deren Absorptionsspektren zur Charakterisierung herangezogen werden können.

Die Triaminonaphtholsulfosäuren sind wegen der drei Aminogruppen sehr reaktionsfähig und infolgedessen recht unbeständig. Die Diamino-H-Säure ist in Wasser leicht löslich, während die übrigen Säuren aus der sauren Reduktionslösung beim Erkalten ausfallen. An der Luft werden natriumacetathaltige Lösungen rasch blau. Die entstehenden Farbstoffe sind aber sehr schwer löslich und in der Lösung nur suspendiert, so daß keine Absorptionsbanden aufgenommen werden können. Charakteristisch ist das Verhalten gegen Salpetersäure. Die Endprodukte sind immer gelb, aber die Zwischenstufen sind verschieden. Aus der Diamino-J-Säure erhält man durch kurzes Kochen mit starker Natronlauge eine blaue Lösung mit charakteristischem Absorptionsspektrum.

---

[1] Friedl. IV (1896), 400.

6. 1-Amino-2-oxy-3-naphthoesäure und ihre Arylamide.

Die 1-Amino-2-oxy-3-naphthoesäure ist von R. Möhlau und F. Kriebel[1] beschrieben worden, und stimmen ihre Angaben mit den Reaktionen überein. Die Säure fällt aus der sauren Reduktionslösung erst beim Erkalten aus. Zur Charakterisierung wird sie diazotiert und in alkoholisch natronalkalischer Lösung mit Resorcin zu einem blauroten Farbstoff gekuppelt.

Von den Arylamiden ist nur das Anilid in der Literatur genannt von M. Battegay, Ch. Langjahr und P. Rettig[2]. Die Angaben stimmen, mit Ausnahme der Mitteilung, daß das Aminooxynaphthoesäureanilid durch salpetrige Säure oxydiert werde. Tatsächlich bilden sich dabei orange bis braune Diazokörper, die aber nur mit Resorcin kuppeln, und zwar mit natronalkalischer Lösung erst beim Erwärmen, mit alkoholisch natronalkalischer Lösung schon in der Kälte.

Die Arylamide der 1-Amino-2-oxy-3-naphthoesäure sind gräulichweiße bis orange Substanzen mit charakteristischem Schmelzpunkt. Sie werden gereinigt durch Umkristallisieren aus Alkohol, Aceton, Eisessig usw. Die aus Naphthol AS und Analogen zusammengesetzten Farbstoffe werden am besten mit Hydrosulfit reduziert (siehe weiter unten unter Bestimmung von Naphthol AS-Färbungen S. 43) und die Lösungen nachher mit Essigsäure angesäuert, wobei die entsprechenden Aminokörper ausfallen. Das m-Aminophenylamid (aus Naphthol ASBS) verharzt unter diesen Bedingungen zum Teil und wird besser mit Bicarbonat oder gasförmiger Kohlensäure gefällt. Es wird als einziges Spaltprodukt dieser Reihe durch salpetrige Säure oxydiert.

7. Einige Derivate der Aminonaphtholsulfosäure 2, 5, 7 (J-Säure).

Die Eigentümlichkeit, daß Farbstoffe aus J-Säure substantive Eigenschaften haben können, haben diese zu einem besonders wichtigen Produkt gemacht. Die Farbenfabriken vorm. Fr. Bayer haben nun eine Reihe von J-Säurederivaten patentiert, die man zu wasch- und säureechten Baumwollfarbstoffen kombinieren kann. Sie sind in den Musterkarten der Benzolicht- und -echt-, Diazolicht- und Diazobrillantfarben enthalten.

Die Benzolicht- und Benzoechtrot und -scharlach können als Kupplungskomponente den symmetrischen J-Säureharnstoff (Di-[5-oxy-7-sulfo-2-naphthyl]-harnstoff) oder gemischte Harnstoffe, z. B. aus einem Mol. J-Säure und einem Mol. p-Aminoacetanilid durch „phosgenieren" hergestellt, enthalten. Diazokörper kuppeln mit diesen Harnstoffen in alkalischer Lösung in o-Stellung zur J-Säurehydroxylgruppe.

---

[1] Ber. **28** (1895), 3090.   [2] Chimie et Industrie 11 (1924), 453.

36 Charakterisierung der Spaltprodukte.

$$\text{R}-\text{N}_2-\underset{\text{OH}}{\underset{\text{SO}_3\text{H}}{\bigcirc\bigcirc}}-\text{NH}-\underset{\text{O}}{\overset{\text{C}}{\|}}-\text{NH}-\underset{\text{OH}}{\underset{\text{SO}_3\text{H}}{\bigcirc\bigcirc}}-\text{N}_2-\text{R}$$

Der durch Reduktion entstehende Di-(6-amino-5-oxy-7-sulfo-2-naphthyl)-harnstoff ist wie die anderen Acylderivate der Aminonaphtholsulfosäuren gegen Oxydationsmittel sehr beständig. Von den Acetyl- und Benzoylsäuren unterscheidet er sich aber darin, daß er sich durch Kochen mit Säure nicht verseifen läßt. Auch nach langem Kochen mit Alkali konnte die charakteristische Fluoreszenz der 6-Amino-J-säure nie beobachtet werden. Charakteristische Reaktionen zeigt der Harnstoff keine und auch diazotieren läßt er sich nicht. Die freie Säure ist in Wasser sehr wenig ohne Fluoreszenz löslich, die Alkalisalze lassen sich aussalzen. Er muß durch Umfällen gereinigt und an Hand des Schwefelgehaltes identifiziert werden.

Wichtige Komponenten dieser Gruppe sind ferner das 2-Phenyl-6-oxy-8-sulfonaphtho-α, β-thiazol und dessen im Benzolkern in m- und p-Stellung amidierten Derivate. Man erhält sie aus den Schiffschen Basen der J-Säure mit Benzaldehyd bzw. Nitrobenzaldehyd oder aus deren N-Benzylderivaten durch Schwefelung mit Polysulfidlösung nach den D. R. P. 165126 und 165127 [1] von Bayer. Durch Kupplung in alkalischer Lösung (s. D. R. P. 166903 [2]) erhält man sehr brillante und säureechte Farbstoffe, die, sofern im Benzolkern noch eine externe Aminogruppe enthalten ist, durch Entwickeln auf der Faser mit β-Naphthol waschechte Färbungen geben. Wie alle Farbstoffe, die Thiazolringe enthalten, fluoreszieren sie im Lichte der Uviollampe [3].

Durch Reduktion derartiger Farbstoffe erhält man die entsprechenden 7-Aminoderivate. Die freien Säuren wie die Alkalisalze sind schwach gelb gefärbte Substanzen, die ziemlich beständig sind. Auffallend ist, daß alle acylierten 6-Amino-J-säuren sowie diese Thiazole gegen Oxydationsmittel so wenig empfindlich sind. Vielleicht läßt sich diese Er-

---
[1] Friedl. VIII (1904), 186, 188.
[2] Friedl. VIII (1904), 695.
[3] Die Fluoreszenz wird am besten beobachtet an Hand der Färbung oder einem mit Farbstofflösung getränkten Filterpapier. Sie ist aber auch wahrnehmbar bei Farbstofflösungen oder bei den Farbstoffpulvern, die durch Verreiben auf einem Tonscherben sehr fein verteilt sind. Letztere Methode eignet sich vor allem für Küpenfarbstoffe (Indanthrengelb GF).

scheinung damit erklären, daß die Bildung von 2, 6-chinoiden Derivaten durch die Acylgruppe verhindert wird.

$$\text{SO}_3\text{H}\diagup\!\diagdown\diagup\text{NH}$$
$$\text{NH}\diagup\diagdown\!\diagup$$
$$\text{OH}$$

Die m- und p-Aminophenylthiazole der 6-Amino-J-Säure werden durch Diazotieren und Kuppeln mit R-Salz bestimmt. In Übereinstimmung mit den Resultaten von Hauser[1] zieht der p-Farbstoff bedeutend besser auf Baumwolle als der entsprechende m-Farbstoff. Die Spaltung des Thiazolringes nach A. W. Hofmann[2] führt wegen der Reaktionsfähigkeit der entstehenden Diaminothiooxysulfosäuren nicht zu charakteristischen Reaktionen.

8. Die Aminopyrazolone[3].

Das einfachste Spaltprodukt dieser Gruppe, das 1-Phenyl-3-methyl-4-amino-5-pyrazolon ist schon von Knorr[4] beschrieben worden. Es geht durch Oxydation mit Luft oder sauren Oxydationsmitteln in die Rubazonsäure über, deren Alkalisalze stark gefärbt sind.

$$\begin{array}{cc} \text{C}_6\text{H}_5 & \text{C}_6\text{H}_5 \\ \diagup\text{N}\diagdown & \diagup\text{N}\diagdown \\ \text{N} \quad \text{C}=\text{O} \quad \text{O}=\text{C} \quad \text{N} \\ | \quad | \quad \quad | \quad \| \\ \text{CH}_3-\text{C}-\text{CH}-\!-\!\text{N}=\text{C}-\text{C}-\text{CH}_3 \end{array}$$ Rubazonsäure Smp. 181°.

Die Löslichkeit der Aminopyrazolone richtet sich nach ihren auxochromen Gruppen. Das von Knorr beschriebene bildet ein leicht lösliches Chlorhydrat, das am besten durch Eindampfen der entzinnten Reduktionslösung gewonnen wird. Die im Phenylrest sulfurierten Aminopyrazolone sind ebenfalls sehr leicht löslich mit Ausnahme der 4-Amino-1 (p-sulfophenyl)-5-pyrazolon-3-carbonsäure, die direkt aus der noch zinnhaltigen Lösung auskristallisiert. Durch Oxydation mit Luft in Soda-, Natriumazetat- oder Bicarbonatlösung oder mit Natriumnitrit in neutraler Lösung entstehen die Rubazonsäuren, die durch Eindampfen im Vakuum gewonnen werden. Die Absorptionsspektren der violetten Alkalisalze der Rubazonsäuren weisen mit Ausnahme desjenigen aus der Pyrazoloncarbonsäure zu kleine Unterschiede voneinander

---
[1] Diss. E. T. H. Zürich, 1928, Helv. Chem. Acta 1928, 203.
[2] Ber. 18 (1880), 8.
[3] Siehe Diss. A. Peter E. T. H. Zürich 1926. Fierz, Künstl. organ. Farbstoffe, 688. [4] Ann. 238 (1887), 189.

auf zur Charakterisierung. Die Sulfo- oder Chlorgruppen im Phenylrest sind offenbar zu weit vom eigentlichen Farbträger, dem Pyrazolonring, entfernt, um die Nuance merklich zu verschieben. Zur Identifizierung macht man daher am besten eine Bestimmung des Schwefel- oder Chlorgehaltes der gereinigten Substanz.

9. Pyrazine als Spaltprodukte von Farbstoffen aus Acetessigsäurearylamiden.

E. Ziegler[1] hat erstmals die Spaltprodukte von Farbstoffen, die Acetessigsäurearylamide enthalten, untersucht. Er hat gezeigt, daß nicht Aminoacetessigsäurearylamide, wie zu erwarten war, entstehen, sondern daß zwei Moleküle desselben sich zu einer heterocyclischen Verbindung kondensieren.

$$2\,CH_3-\overset{O}{\overset{\|}{C}}-\overset{}{\underset{\underset{R}{N_2}}{CH}}-\overset{O}{\overset{\|}{C}}-NHC_6H_5 \;\xrightarrow{H}\; CH_3-\overset{O}{\overset{\|}{C}}-\overset{}{\underset{NH_2}{CH}}-\overset{O}{\overset{\|}{C}}-NHC_6H_5$$

$$C_6H_5NH-\overset{NH_2}{\underset{O}{\overset{|}{C}}}-CH-\overset{O}{\overset{\|}{C}}-CH_3$$

2,5-Dimethylpyrazin-3,6-dihydrodicarbonsäureanilid Smp. 218°,
(Knorr, Ann. 236 (1887), 80, 317).

Denselben Körper hat schon Knorr durch Reduktion des Isonitrosoacetessiganilids von V. Meyer[2] erhalten. Eine Darstellung dieses Körpers nach beiden Methoden hat die Identität beider Produkte erwiesen. Es sind im allgemeinen einsäurige Basen, die mit Quecksilberchlorid in Eisessiglösung schwerlösliche Doppelsalze bilden. Da sie unter dem Einfluß von Wärme in höher schmelzende Verbindungen übergehen, darf man sie bei der Bestimmung des Smp. erst etwa 5° unter dem Smp. in das Öl eintauchen. Zur Bestimmung des Smp. der Umwandlungsprodukte trocknet man die Körper während 4 Stunden bei 180°. Das m-Xylidid und das 2,5-Dichloranilid gehen· schon beim Umkristallisieren aus Eisessig in die höher schmelzende Stufe über.

---

[1] Diss. E. T. H. Zürich, 1928; Helv. Chim. Acta 1928, 776.
[2] Ber. 10 (1877), 2077; durch Reduktion der blauen Lackfarbstoffe des D. R. P. 467423 (J.-G.), bestehend aus Fe-Komplexsalzen von Isonitrosoacetessiganiliden erhält man ebenfalls Pyrazine.

Spezieller Teil.

I. Die Reduktion.

1. Vorbereitung der Farbstoffe zur Reduktion.

Zur Reduktion werden Mengen zwischen 30 und 50 g verwendet. Diese müssen zuerst von den Beimengungen getrennt werden. Reduziert man mit Hydrosulfit, so ist es vorteilhaft, aus neutraler Lösung mit möglichst wenig Kochsalz umzufällen. Die durch Oxydation des Hydrosulfits frei werdende Säure wird dann bei der Reduktion durch das im Farbstoffsalz enthaltene Alkali gebunden. Geht aber beim Aussalzen zuviel Kochsalz in den Niederschlag, so säuert man besser an, ebenso wenn der Farbstoff zu leicht löslich ist. Die Farbstoffsäuren sind meist so schwer löslich, daß sie mit viel Wasser gewaschen oder gar ausgekocht werden können. Reduziert man mit Zinnsalz oder Jodwasserstoffsäure, so muß auf alle Fälle sauer umgefällt werden, damit die Reduktionslaugen frei von anorganischen Bestandteilen erhalten werden. Das Umfällen wird wiederholt, bis die Verdünnungsmittel (Kochsalz, Glaubersalz, Soda, Dextrin usw.) entfernt sind. Will man eine Elementaranalyse machen, so fällt man zur Bestimmung des Schwefelgehaltes mit Kochsalz und Salzsäure um, zur Bestimmung des Halogengehaltes mit Glaubersalz und Schwefelsäure. Die basischen Farbstoffe (Chrysoidin u. a.) werden mit verdünnter Natronlauge oder Ammoniak gefällt. Lackfarbstoffe, sofern sie anorganische Bestandteile enthalten, können meistens durch Auskochen mit Salzsäure von den Substraten befreit werden. Sind es organische Verbindungen ohne Sulfogruppen, so können sie oft durch Umkristallisieren aus organischen Lösungsmitteln, z. B. Eisessig, gereinigt werden.

2. Die Reduktion mit Zinnchlorür.

Die feuchte Paste der gereinigten Farbstoffsäure aus 50 g Handelsprodukt wird in einem Becherglas mit 250—300 ccm Wasser angeschlämmt und unter Rühren zum Sieden erhitzt. Dann fügt man eine Lösung von 40 g Zinnchlorür in 100 ccm konzentrierter Salzsäure (1,19) hinzu. Sollte der Farbstoff nicht vollständig in Lösung gehen, so muß kräftig gerührt werden, wodurch zugleich dem Überschäumen begegnet wird. Wenn die Lösung nach 15 Minuten langem Kochen nicht vollständig entfärbt ist, so setzt man noch mehr Reduktionsmittel zu. Man gibt entweder granuliertes Zinn oder Zinnchlorür gelöst in Salzsäure zu und kocht bis zu vollständiger Entfärbung. Gewisse Produkte, wie Pyrazolonfarbstoffe, werden am besten mit wenig konzentrierter Salzsäure angerührt, dann mit Zinnchlorürlösung gekocht und nach der Entfärbung die Lösung mit Wasser verdünnt.

Aus der farblosen bis gelben Lösung fallen oft schon in der Hitze oder auch erst nach dem Erkalten gewisse Spaltprodukte aus. Diese werden abfiltriert und das Filtrat elektrolytisch entzinnt. Vor der Elektrolyse abfiltrierte Niederschläge sind oft Zinnchloriddoppelsalze und infolgedessen stark zinnhaltig. Durch Kochen mit Natronlauge können diese Doppelsalze aufgespalten werden.

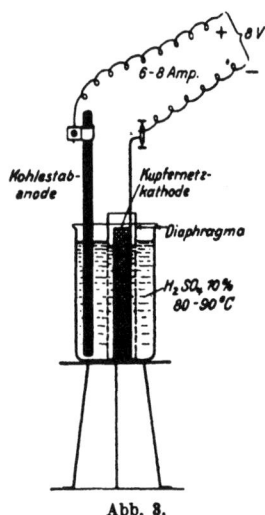

Abb. 3.

Zur Entzinnung bringt man die Flüssigkeit in eine säurefeste Tonzelle von ca. 350 ccm Fassungsvermögen und stellt diese in einen Becher aus Porzellan oder Pyrexglas, der mit 10%iger Schwefelsäure so weit gefüllt ist, daß im Anoden- als Kathodenraum Niveaugleichheit herrscht (siehe Abb. 3). Das Zinn wird an einer Kupfernetzelektrode bei einer Temperatur von 80—90° C. niedergeschlagen. Als Anode dient ein Stab aus Elektrodenkohle. Bei einer EMK von 8 Volt und 6—8 Amp. gelingt es, alles Zinn, das zur Reduktion von 20 g gereinigtem Farbstoff gebraucht wird, in 4—5 Stunden abzuscheiden. Man elektrolysiert bis zur Wasserstoffentwicklung. Dunkle Reduktionslaugen werden durch die Elektrolyse meistens aufgehellt.

3. Die Reduktion mit Hydrosulfit.

Der gereinigte Farbstoff wird in ca. 300 ccm Wasser gelöst und die Lösung zum Sieden erhitzt. Man streut nun unter Kochen kleine Portionen von Hydrosulfitpulver ein, bis Entfärbung eintritt. Ist der Farbstoff nicht ganz gelöst, so muß stark gerührt werden, damit ein Überschuß an Reduktionsmittel vermieden wird. Dieser könnte durch Schwefelausscheidung beim Ansäuern störend wirken.

In vielen Fällen ist es vorteilhaft, denselben Farbstoff zugleich sauer mit Zinnchlorür und neutral mit Hydrosulfit zu reduzieren. Es tritt dann sehr oft der Fall ein, daß nach der sauren Spaltung die eine, nach der neutralen aber eine andere Komponente sich ausscheidet, wodurch eine Trennung erzielt werden kann.

4. Reduktion von Farbstoffen vom Typus des Chloramingelb M.

Sam. Pestalozzi[1] berichtet, daß durch Kochen mit Titanchlorürlösung die Farbstoffe dieser Gruppe aufgespalten werden, die normalen Methoden mit Zinnchlorür oder Zinn, oder Hydrosulfit aber nicht zum Ziele führen. H. Hauser[2] hat nun beobachtet, daß nach mehrstündigem Kochen von Chloramingelb M (Siriusgelb RR) mit vierfachem Überschuß an Titanchlorür nur Spuren des Farbstoffes aufgespalten der größte Teil aber wieder unverändert zurückerhalten wird. Zugleich hat er gezeigt, daß durch Erhitzen mit Jodwasserstoffsäure im Bombenrohr Spaltung zu ca. 50% erfolgt.

Die Versuchsbedingungen sind folgende:
Man erhitzt 2 g des gereinigten Farbstoffes im zugeschmolzenen Rohr mit 10 g Jodwasserstoffsäure vom spez. Gew. 1,7 (ca. 50%ig) und 2 g rotem Phosphor während 20 Stunden auf 230° C. Das entstehende braune Pulver wird mit Natronlauge behandelt, wobei der unveränderte Farbstoff in Lösung geht und die Base zurückbleibt. Durch Umkristallisieren aus Alkohol kann diese gereinigt werden. Es wäre zu versuchen, ob nicht die Menge der Jodwasserstoffsäure herabgesetzt werden könnte, dafür aber mehr Phosphor zugesetzt würde, der das sich bildende Jod immer wieder zu Jodwasserstoffsäure reduziert. Dadurch würden hohe Drucke vermieden und die Röhren weniger dem Platzen ausgesetzt.

5. Reduktion von Lack- und Pigmentfarbstoffen.

Eine allgemeine Regel kann hier nicht gegeben werden. Das Vorgehen richtet sich ganz nach den Löslichkeitsverhältnissen der einzelnen Farbstoffe. Sind dieselben rein organischer Natur, so sind sie meist löslich in Eisessig und können dann in dessen Lösung mit Zinn reduziert werden. Vorteilhaft ist es oft, in wässerig alkoholischer Lösung mit wenig Essigsäure und Zinkstaub zu reduzieren (siehe Analyse von Hansagelb S. 113[3]). Sind es unlösliche Salze von Azofarbstoffsäuren, z. B. Bariumsalze, so können sie direkt in wässeriger Lösung mit Zinnchlorür gespalten werden (siehe Analyse von Anthosin BN S. 103).

6. Trennung der Spaltprodukte.

Man muß sich vor Augen halten, daß ein Trisazofarbstoff, der 4 Spaltprodukte liefert, schon zu den komplizierten Produkten gehört. Im allgemeinen hat man nur 2 oder 3 Komponenten zu trennen. Da alles Derivate von primären Aminen sind, ist man bei der Trennung stark auf Löslichkeitsunterschiede angewiesen. Wünscht man Auskunft über die Anzahl, oder will man alle Reduktionsprodukte gewinnen, so reduziert man im allgemeinen mit Zinnchlorür. Sulfosäuren fallen dann oft schon aus der noch zinnhaltigen Lösung aus. Es ist

---
[1] Diss. E. T. H. Zürich 1925.
[2] Diss. E. T. H. Zürich 1928, Helv. Chimica Acta 1928, 204.
[3] Diss. Ziegler E. T. H. Zürich 1928, Helv. Chimica Acta 1928, 746.

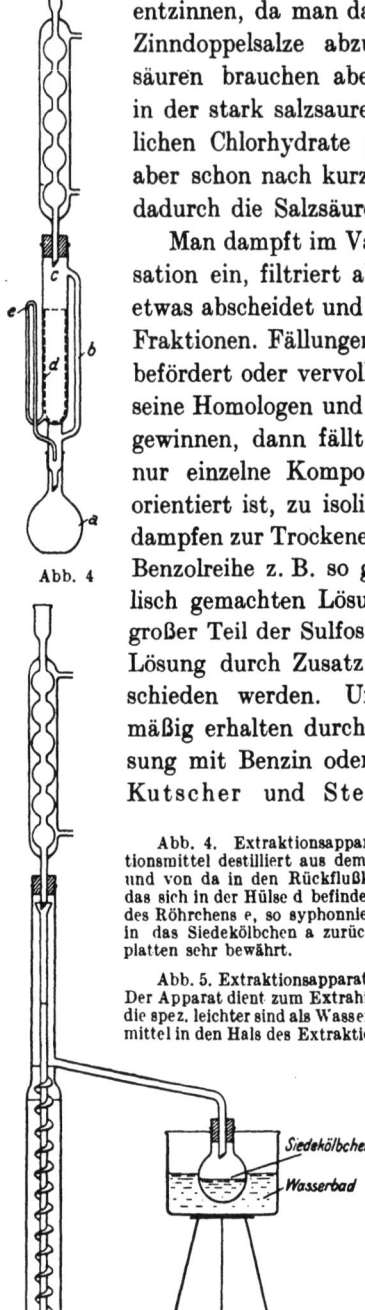

Abb. 4

Abb. 5.

aber in vielen Fällen vorteilhafter, zuerst elektrolytisch zu entzinnen, da man dann nicht Gefahr läuft, schwerlösliche Zinndoppelsalze abzufiltrieren. Anwesende Aminosulfosäuren brauchen aber nicht unbedingt auszufallen, da sie in der stark salzsauren Lösung in Form der oft leicht löslichen Chlorhydrate gelöst sind. Meist kristallisieren sie aber schon nach kurzem Eindampfen im Vakuum aus, da dadurch die Salzsäure rasch entfernt wird.

Man dampft im Vakuum bis zur beginnenden Kristallisation ein, filtriert ab, dampft weiter ein bis sich wieder etwas abscheidet und gewinnt auf diese Weise verschiedene Fraktionen. Fällungen können oft durch Zusatz von Alkohol befördert oder vervollständigt werden. Will man Benzidin, seine Homologen und Analogen aus der verdünnten Lösung gewinnen, dann fällt man sie als Sulfate. Wünscht man nur einzelne Komponenten, über deren Charakter man orientiert ist, zu isolieren und verzichtet man auf das Eindampfen zur Trockene, dann kann man einfache Amine der Benzolreihe z. B. so gewinnen, daß man sie aus der alkalisch gemachten Lösung mit Wasserdampf abtreibt. Ein großer Teil der Sulfosäuren kann aus saurer oder neutraler Lösung durch Zusatz von Kochsalz oder Chlorkali abgeschieden werden. Unsulfurierte Körper werden zweckmäßig erhalten durch Extraktion der genau neutralen Lösung mit Benzin oder Äther, wenn nötig im Apparat von Kutscher und Steudel[1] (siehe Abb. 5). Für solche

Abb. 4. Extraktionsapparat für feste Stoffe nach Soxhlet. Das Extraktionsmittel destilliert aus dem Siedekölbchen a durch das Rohr b in den Raum c und von da in den Rückflußkühler. Von dort tropft es in das Extraktionsgut, das sich in der Hülse d befindet. Sobald der Raum c gefüllt ist bis zum Scheitel des Röhrchens e, so syphonniert das Lösungsmittel durch dieses Röhrchen wieder in das Siedekölbchen a zurück. Als Heizquelle haben sich elektrische Wärmeplatten sehr bewährt.

Abb. 5. Extraktionsapparat für Flüssigkeiten nach Kutscher und Steudel. Der Apparat dient zum Extrahieren mit Äther, Benzol und anderen Lösungsmitteln, die spez. leichter sind als Wasser. Aus dem Siedekölbchen gelangt das Extraktionsmittel in den Hals des Extraktionsrohres und von da weiter in den Rückflußkühler. Hier kondensiert es sich und tropft in das Trichterrohr, an dessen unterem Ende es in die zu extrahierende Flüssigkeit eintritt. Den Weg, den das Extraktionsmittel durch die Flüssigkeit nehmen muß, ist dadurch sehr verlängert, daß es gezwungen wird, den Windungen der Spirale zu folgen. Dadurch wird relativ sehr rasche Extraktion erreicht. Schließlich fließt das Extraktionsmittel wieder durch das absteigende Rohr in das Siedekölbchen.

[1] Mit Benzin oder Benzol als Extraktionsmittel erhält man in der Regel hellere Extrakte, als mit Äther, das infolge von Bildung von Ätherperoxyd dunklere Extrakte ergibt.

Zwecke führt man die Reduktion ebensogut und rascher mit Hydrosulfit aus.

Die isolierten Fraktionen müssen durch Umkristallisieren aus Äther, Alkohol, Aceton, Ligroin, Benzol usw. weiter gereinigt werden. Sulfosäuren von Benzolderivaten werden aus Soda, Naphthylaminsulfosäuren aus Sulfit umgefällt. Durch Kochen der neutralen Lösungen mit Tierkohle vor dem Ausfällen werden sie meistens ganz oder annähernd farblos gewonnen.

Gegen Luftsauerstoff empfindliche Substanzen werden auf dem Filter mit Alkohol und Äther gewaschen, trocken gesaugt und darauf sofort im Vakuum auf dem Wasserbad getrocknet. Durch Vakuumtrocknung sämtlicher Spaltprodukte bleibt man von manchen unliebsamen Überraschungen verschont. Ganz allgemein kann gesagt werden, daß man nur dann Erfolg hat, wenn man die Spaltprodukte absolut rein herstellt und sie möglichst rasch identifiziert. Reduktionslösungen müssen vor Licht und vor allem vor Luft nach Möglichkeit geschützt werden.

7. Bestimmung von Naphthol AS-Färbungen.

E. Grandmougin[1] hat folgende Methode zum Nachweis von Lackfarbstoffen (β-Naphtholfärbungen, Küpenfarbstoffe) auf der Faser ausgearbeitet. Er extrahiert den Farbstoff von der Faser mit organischen Lösungsmitteln (Benzol, Xylol usw.) und bestimmt die Konstitution an Hand des Spektrums der Lösung in konzentrierter Schwefelsäure.

F. M. Rowe und C. Levin[2] schlagen vor, den Farbstoff von der gereinigten Faser zu extrahieren und durch Bestimmung von dessen Smp. die Kombination zu ermitteln. Betreffend die Extraktion haben die beiden folgendes gefunden. Toluol ist ungünstig, da die Farbstoffe schlecht zu reinigen sind, Aceton extrahiert zu langsam, verdünnte Schwefelsäure eignet sich wohl für β-Naphtholfarbstoffe, nicht aber für solche aus Naphthol AS und Analogen. Sie empfehlen, die gefärbte Faser, etwa zwei Zoll im Quadrat, in Schwefelsäure (4 T. konz. Säure + 1 T. Wasser) bei 10° aufzulösen und die klare Lösung auf Eis zu gießen. Der Farbstoff fällt aus und kann nach dem Filtrieren umkristallisiert werden. Quantitative Bestimmungen haben ergeben, daß die Faser 1,0—2,7% Farbstoff aufgenommen hat. In einer Tabelle (siehe S. 95) werden eine große Menge von Kombinationen nach steigenden Smp. geordnet angegeben.

Gleichen Ortes ist auch die Analysenmethode für Oxynaphthoesäurearylamide beschrieben. Man kocht mehrere Stunden mit Schwefel

---

[1] Chem. Zeitg. 34 (1910), 990, 1076.
[2] Journ. of Dyers and Colourists 40 (1924), 218; The Industrial Chemist, May 1926; Percy Bean u. F. M. Rowe, Journ. of Dyers and Colourists 1929, 67.

44   Die Reduktion.

säure vom Siedepunkt 140—145° am Rückfluß. Die Oxynaphthoesäure wird sodann mit Wasserdampf abgetrieben und durch Alkalischmachen die Base isoliert. Die Zusammensetzung folgender Handelsmarken ist bekannt[1]:

Naphthol AS	2,3-Oxynaphthoesäureanilid	Smp. 240°,
Naphthol ASD	2,3-Oxynaphthoesäure-2-toluidid	Smp. 193°,
Naphthol ASTR	2,3-Oxynaphthoesäure-5-chlor-2-toluidid	Smp. 243°,
Naphthol ASRL	2,3-Oxynaphthoesäure-4-anisidid	Smp. 230°,
Naphthol ASBS	2,3-Oxynaphthoesäure-3-nitranilid	Smp. 246°,
Naphthol ASBO	2,3-Oxynaphthoesäure-α-naphthalid	Smp. 223°,
Naphthol ASSW	2,3-Oxynaphthoesäure-β-naphthalid	Smp. 243/44°,
Naphthol ASBR	2,3-Oxynaphthoesäure-dianisidid,	
Naphthol ASOL	2,3-Oxynaphthoesäure-2-anisidid.	

(Ein Naphthol AN wird von der I. G. Farbenindustrie A.-G. nicht in den Handel gebracht.) Das Naphthol ASG gehört nicht in die Reihe der 2,3-Oxynaphthoesäurearylamide. Es ist Diacetessig-o-tolidid und findet Verwendung als Grund für Gelbtöne.

Von den Naphthol-AS-Entwicklern sind folgende bekannt[2]:

Echtgelb-Base (auch G-Base)	2-Chloranilin,
Echtrot-RL-Base (zu ASRL)	5-Nitro-2-aminotoluol,
Echtschwarz-LB-Base (zu ASSW)	2-Phenetidin, gekuppelt mit α-Naphthylamin,
Echtorange-R-Base	·3-Nitranilin,
Echtorange-GC-Base	3-Chloranilin,
Echtscharlach-G-Base	4-Nitro-2-aminotoluol,
Echtscharlach-GGS-Base (auch GG-Base)	2,5-Dichloranilin,
Echtscharlach-R-Base	4-Nitro-2-aminoanisol,
Echtrot-G-Base (auch GL-Base)	3-Nitro-4-aminotoluol,
Echtrot-3 GL-Base	2-Nitro-4-chloranilin,
Echtrot-R-Base	4-Chlor-2-aminoanisol,
Echtrot-BB-Base	2-Anisidin,
Echtrot-B-Base	5-Nitro-2-aminoanisol,
Echtgranat-B-Base	α-Naphthylamin,
Echtgranat-G-Base (auch GB- oder GC-Base)	o-Aminazotoluol,
Echtscharlach-TR-Base	6-Chlor-2-toluidin[3],
Echtrot-KB-Base	4-Chlor-2-toluidin[3],
Echtrot-TR-Base	5-Chlor-2-toluidin.

---
[1] Fierz-David, Künstl. Organ. Farbstoffe, 120.
[2] Ullmann, II, 45.   [3] Siehe Diss. Gindraux E. T. H. Zürich 1929.

Bestimmung von Naphthol AS-Färbung. 45

Echtorange-GR-Base	2-Nitranilin,
Echtrot-GG-Base	4-Nitranilin,
Echtcorinth-B-Base	Benzidin,
Echtblau-R-Base	o-Tolidin,
Echtblau-B-Base	o-Dianisidin,
Variaminblau B	4-Amino-4'-methoxydiphenylamin,
Echtrotsalz AL	Diazoverb. von 1-Aminoanthrachinon.

(Die Echtsalze sind stabilisierte Diazoverbindungen der Echtbasen.)

Die Methoden von Grandmougin als von Rowe und Levin versagen aber, sobald eine Kombination vorliegt, deren Spektrum oder Smp. nicht beschrieben ist, für die reduzierende Spaltung der Farbstoffe aber gilt diese Einschränkung nicht. Die Bestimmung läßt sich in diesem Falle mit Erfolg auch mit nur ganz kleinen Substanzmengen durchführen, da die möglichen Kombinationen nicht zahlreich sind.

Die Faser wird zuerst für die Extraktion vorbereitet. Man wäscht sie mit warmem, verdünntem Ammoniak, dann mit verdünnter Salzsäure und zuletzt mit heißem, destilliertem Wasser, um die „Appretur" zu entfernen. Ungefähr 1 qdm des so gereinigten Stoffes wird im Soxhlet mit Alkohol extrahiert. Innerhalb weniger Stunden wird praktisch aller Farbstoff von der Faser weggelöst. Er wird vom Alkohol im Siedekölbchen abfiltriert. Durch Bestimmung des Spektrums und des Smp. kann die Konstitution ermittelt werden, sofern sie schon beschrieben ist.

Immer anwendbar ist folgende Methode. Der Farbstoff wird mit ca. 20 ccm Wasser und einigen Tropfen Natronlauge erwärmt auf 80° und dann mit wenig Hydrosulfitpulver reduziert. Nach Entfärbung läßt man erkalten und säuert mit Essigsäure an. Die Diazokomponente geht in Lösung während das 1-Amino-2-oxy-3-naphthoesäurearylamid ausfällt. Es wird abfiltriert, aus Alkohol, Eisessig oder viel Benzol umkristallisiert und an Hand des Schmelzpunktes bestimmt. Es kann auch diazotiert und in alkoholisch natronalkalischer Lösung mit Resorcin zu einem violettroten Farbstoff gekuppelt werden. Das m-Aminophenylamid der 1-Amino-2, 3-oxynaphthoesäure (aus Naphthol ASBS) fällt mit Essigsäure als gelbbraune Schmiere aus, wird aber durch Fällung mit Natriumbicarbonat oder gasförmiger Kohlensäure in Form gelber Flocken erhalten.

Die Diazokomponente, die sich im Filtrat befindet, wird diazotiert und mit R-Salz zu einem Azofarbstoff gekuppelt, dessen Absorptionsspektrum bestimmt wird.

II. Eigenschaften der Spaltprodukte.

A. Diazokomponenten.

1. Unsulfurierte Amine.

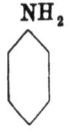

Anilin: Smp.-6°, flüssig, Sdp. 184,4°, wasserdampfflüchtig, Chlorhydrat Smp. 198°, Acetylderivat Smp. 114°, Benzoylderivat Smp. 163°, p-Toluolsulfoderivat Smp. 103°.

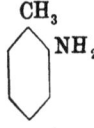

2-Toluidin: flüssig, Sdp. 197—200°, wasserdampfflüchtig, Chlorhydrat Smp. 225—226°, Acetylderivat Smp. 109—110°, Benzoylderivat Smp. 142—43°, p-Toluolsulfoderivat Smp. 108°.

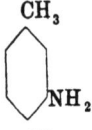

3-Toluidin: flüssig, Sdp. 203°, wasserdampfflüchtig, Acetylderivat Smp. 65,5°, Benzoylderivat Smp. 125°, p-Toluolsulfoderivat Smp. 114°.

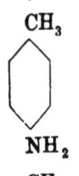

4-Toluidin: Smp. 45°, Sdp. 200,4°, wasserdampfflüchtig, Pikrat Smp. 169°, Acetylderivat Smp. 153° (147), Benzoylderivat Smp. 158°, p-Toluolsulfoderivat Smp. 117°.

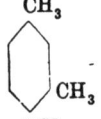

1, 3, 4-Xylidin: flüssig, Sdp. 212°, wasserdampfflüchtig, Acetylderivat Smp. 129°, Benzoylderivat Smp. 192°.

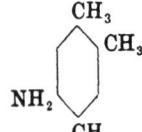

1, 4, 2-Xylidin: Smp. 15,5°, Sdp. 215°, Acetylderivat Smp. 180°, Benzoylderivat Smp. 140°, p-Toluolsulfoderivat Smp. 119°, mit Chromsäuregemisch entsteht p-Xylochinon Smp. 124°.

1, 2, 4, 5-Cumidin: Smp. 62—64° (68) Sdp. 234—36°, wasserdampfflüchtig, Acetylderivat Smp. 161°, Benzoylderivat Smp. 167°, mit Chromsäure entsteht p-Xylochinon Smp. 124°.

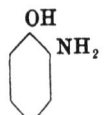

2-Aminophenol: Smp. 170°, sublimiert (Ursol GG), N-Acetylderivat Smp. 201°, Methylbenzoxazol Sdp. 200 bis 201°, N-Benzoylderivat Smp. 167°, Phenylbenzoxazol Smp. 103°, Dibenzoylderivat Smp. 182°, p-Toluolsulfoderivat Smp. 138°.

Unsulfurierte Amine. 47

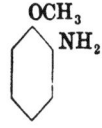
2-Anisidin: Smp. 5°, Sdp. 226° (Echtrot BB Base), Acetylderivat Smp. 84°, Benzoylderivat Smp. 59,8°, p-Toluolsulfoderivat Smp. 127°.

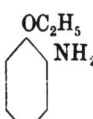
2-Phenetidin: flüssig, Sdp. 228°, wasserdampfflüchtig, Acetylderivat Smp. 84°, Benzoylderivat Smp. 57°

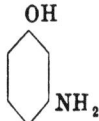
3-Aminophenol: Smp. 123° (Fuscamin D BASF), N-Acetylderivat Smp. 148—49°, N-Benzoylderivat Smp. 174°, Dibenzoylderivat Smp. 153°, N-Toluolsulfoderivat Smp. 157°.

4-Aminophenol: Smp. 184° (Zersetzung, sublimiert z. T.), (Ursol P), Chlorhydrat Smp. 183°, N-Acetylderivat Smp. 168—69°, N-Benzoylderivat Smp. 227°, Dibenzoylderivat Smp. 231°, N-p-Toluolsulfoderivat Smp. 143°, O-p-Toluolsulfoderivat Smp. 142°, dasselbe gekuppelt mit β-Naphthol Smp. 157°, Alkalische Lösungen werden an der Luft violett, mit Chromsäure entsteht p-Chinon.

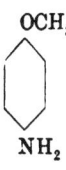
4-Anisidin: Smp. 52°, Sdp. 246°, Acetylderivat Smp. 127°, Benzoylderivat Smp. 153—54°, p-Toluolsulfoderivat Smp. 114°.

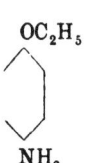
4-Phenetidin: Smp.2,4°, Sdp.253—54°, Chlorhydrat Smp. 234°, Acetylderivat (Phenacetin) Smp. 135°, Benzoylderivat Smp. 173°, p-Toluolsulfoderivat Smp. 106—107°.

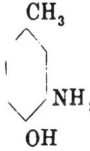
3-Amino-4-kresol: Smp. 135°. N-Acetylderivat Smp. 159—60, Benzoylderivat Smp. 191°. O-Acetyl-N-benzoylderivat Smp. 134°, O-Benzoyl-N-acetylderivat Smp. 146°, Diacetylderivat Smp. 145°; wird mit Ferrichlorid in salzsaurer Lösung rot.

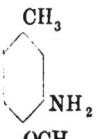
3-Amino-4-kresolmethyläther (Kresidin): Smp. 51,5°. Sdp. 235°, wasserdampfflüchtig. Acetylderivat Smp. 110°, Benzoylderivat Smp. 60°.

2-Amino-4-chlorphenol: Smp. 139°, Dibenzoylderivat Smp. 223—25°.

4-Chlor-2-anisidin: Smp. 82° (Echtrot R Base), wasserdampfflüchtig, Acetylderivat Smp. 104°, Pikrat Smp. 194° (Zersetzung), Benzoylderivat Smp. 77,5—78°.

In den D. R. P. 214 496 und 216 642 von Bayer[1] sind folgende Aminodiphenyläther und deren Sulfosäuren beschrieben:

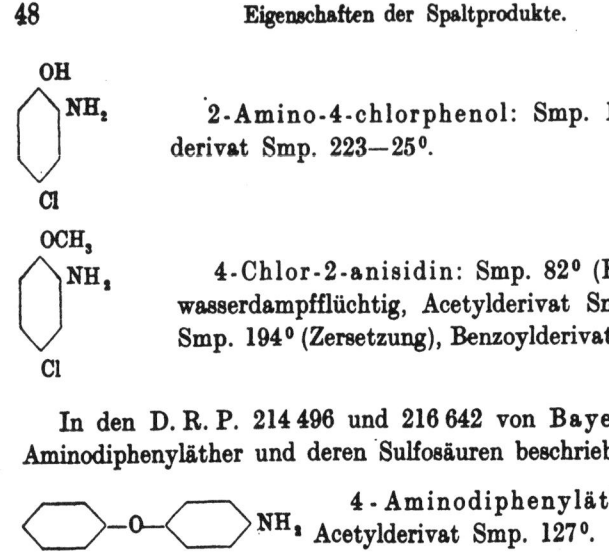

4-Aminodiphenyläther: Smp. 84°, Acetylderivat Smp. 127°.

4-Chlor-2-aminodiphenyläther: Smp. 45°.

4-Chlor-2-aminophenyl-3'-tolyläther: Smp. 43,5°, Sdp. 210° (17 mm).

4-Chlor-2-aminophenyl-4'-tolyläther: Smp. 55,5°.

4,2'-Dichlor-2-aminodiphenyläther: flüssig, Sdp. 197° (23 mm).

4'-Chlor-2-aminodiphenyläther: flüssig, Sdp. 208° (26 mm).

4,4'-Dichlor-2-aminodiphenyläther: Smp. 65°.

2'-Chlor-4-aminodiphenyläther: Smp. 82,5°.

4'-Chlor-4-aminodiphenyläther: Smp. 100°.

2,4'-Dichlor-4-aminodiphenyläther: Smp. 74°.

---

[1] Friedl. 9 (1908), 319, 320; siehe auch Analyse von Polarbrillantrot B S. 113.

Unsulfurierte Amine. 49

Aminophenylbenzyläther sind beschrieben in den D. R. P. 141516, 142061 und 142899 der Farbwerke vorm. Meister Lucius und Brüning in Höchst[1].

2-Aminophenylbenzyläther: Chlorhydrat Smp. 198⁰, der entsprechende Nitrokörper ist ein rotbraunes Öl.

3-Aminophenylbenzyläther: Chlorhydrat Smp. 149⁰, Nitrokörper Smp. 64⁰.

4-Aminophenylbenzyläther: Chlorhydrat Smp. 205—212⁰.

3-Amino-2-kresylbenzyläther: Chlorhydrat Smp. 174⁰, Nitrokörper ist ein rotbraunes Öl.

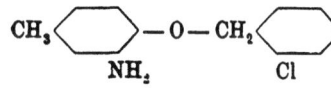

3-Amino-4-kresylbenzyläther: Chlorhydrat Smp. 202⁰.

5-Amino-2-kresylbenzyläther: Chlorhydrat Smp. 215⁰, Nitrokörper Smp. 86⁰.

2-Aminophenyl-2′-chlorbenzyläther: Chlorhydrat Smp. 191⁰, Nitrokörper Smp. 89⁰.

3-Amino-4-kresyl-2′-chlorbenzyläther: Chlorhydrat Smp. 208⁰, Nitrokörper Smp. 104⁰.

4-Chlor-2-aminophenyl-2′-chlorbenzyläther: Chlorhydrat Smp. 189⁰, Nitrokörper Smp. 117⁰.

2-Aminophenyl-4′-chlorbenzyläther: Chlorhydrat Smp. 194 bis 197⁰, Nitrokörper Smp. 75—78⁰.

3-Amino-4-kresyl-4′-chlorbenzyläther: Chlorhydrat Smp. 195—200⁰, Nitrokörper Smp. 103⁰.

---
[1] Friedl. 9 (1902), 465, 463, 466; siehe auch Analyse von Polarbrillantrot 3 B.

50   Eigenschaften der Spaltprodukte.

Cl—⟨⟩—O—CH$_2$—⟨⟩   4-Chlor-2-aminophenylbenzyl-
    | äther: Chlorhydrat Smp. 168—73°,
    NH$_2$ Nitrokörper Smp. 86°.

Br—⟨⟩—O—CH$_2$—⟨⟩   4-Brom-2-aminophenylbenzyl-
    | äther: Chlorhydrat Smp. 187°, Nitro-
    NH$_2$ körper Smp. 88—90°.

CH$_3$
⟨⟩—O—CH$_2$—⟨⟩   5-Brom-3-amino-2-kresylbenzyl-
Br NH$_2$ äther: Chlorhydrat Smp. 245—250°, Nitrokörper flüssig.

NH$_2$
⟨⟩Cl   2-Chloranilin: Smp. 71°, Sdp. 232° (Echtgelb-G-Base) wasserdampfflüchtig, Acetylderivat Smp. 87°, Benzoylderivat Smp. 99°, p-Toluolsulfoderivat Smp. 105°.

NH$_2$
⟨⟩
  Cl   3-Chloranilin: flüssig, Sdp. 230° (Echtorange GC-Base), wasserdampfflüchtig, Acetylderivat Smp. 72°, Benzoylderivat Smp. 118°.

NH$_2$
⟨⟩
Cl   4-Chloranilin: Smp. 71°, Sdp. 232°, wasserdampfflüchtig, Acetylderivat Smp. 172,5°, Benzoylderivat Smp. 187°, p-Toluolsulfoderivat Smp. 95°.

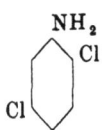

2,4-Dichloranilin: Smp. 63°, Sdp. 245°, Acetylderivat Smp. 143°, Benzoylderivat Smp. 117°.

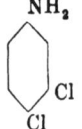

2,5-Dichloranilin: Smp. 50°, Sdp. 251°, (Echtscharlach GGS-Base) Acetylderivat Smp. 132 (143—44), Benzoylderivat Smp. 120°.

NH$_2$
⟨⟩Cl
Cl   3,4 Dichloranilin: Smp. 71°, Sdp. 272°, Acetylderivat Smp. 120°, Benzoylderivat Smp. 71°.

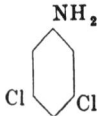

3,5-Dichloranilin: Smp. 50,5°, Sdp. 259—60°, Acetylderivat Smp. 186°.

Unsulfurierte Amine. 51

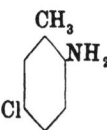
4-Chlor-2-toluidin: Smp. 21—22°, Sdp. 237°, (Echtrot KB-Base), Acetylderivat Smp. 130—31°, Benzoylderivat Smp. 143°.

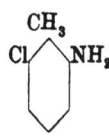
5-Chlor-2-toluidin: Smp. 29—30°, Sdp. 236—238° (Echtrot TR-Base), Acetylderivat Smp. 140°, Benzoylderivat Smp. 169°.

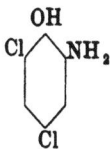
6-Chlor-2-toluidin: Smp. 5,5°, Sdp. 245° (Echtscharlach TR-Base), Acetylderivat Smp. 156°, Benzoylderivat Smp. 173°.

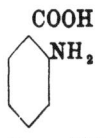
2-Amino-4, 6-dichlorphenol: sublimiert bei 120°, unbeständig, gibt keine Alkalisalze.

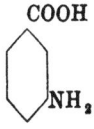
2-Aminobenzoesäure (Anthranilsäure): Smp. 144—45°, Chlorhydrat Smp. 191°, Sulfat (+2 H_2O) Smp. 188°, Acetylderivat Smp. 185°, Benzoylderivat Smp. 177° (181), Anilid Smp. 126°, p-Toluolsulfoderivat Smp. 227°. Erhitzt mit Salpetersäure entsteht Pikrinsäure Smp. 122°, mit salpetriger Säure Salicylsäure, Smp. 155—56°.

3-Aminobenzoesäure (Benzaminsäure): Smp. 174°, nicht wasserdampfflüchtig, Sulfat (+2 H_2O) Smp. 225°, Anilid Smp. 129° (140), Acetylderivat Smp. 248°.

4-Aminobenzoesäure: Smp. 186°, nicht wasserdampfflüchtig, Acetylderivat Smp. 250°, Benzoylderivat Smp. 278°; mit rauchender Salpetersäure entsteht Pikrinsäure Smp. 122°.

3-Aminobenzaldehyd: gelb, amorph, leicht löslich in Äther und Säuren.

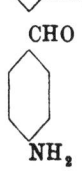
4-Aminobenzaldehyd: Smp. 69,5°—71,5°, Acetylderivat Smp. 154,5—156°.

4*

52 Eigenschaften der Spaltprodukte.

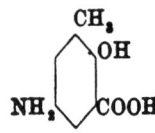

4-Aminophenol-2-carbonsäure (p-Aminosalicylsäure): Zersetzt sich bei 280° (340) unter Bildung von p-Aminophenol. Löst sich nur leicht in Salzsäure und Alkalien. Sulfat Smp. 334°, Acetylderivat Smp. 218°, Benzoylderivat Smp. 252°; mit Ferrichlorid anfangs kirschrot, dann schwarzbrauner Niederschlag.

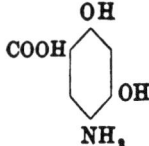

4-Aminoresorcin: Alkalische Lösung an der Luft zuerst blau, dann grün und zuletzt gelbbraun. Tribenzoylderivat Smp. 172°

5-Amino-2-kresol-3-carbonsäure (p-Amino-o-kresotinsäure): Smp. 267° (über 300) unter Zersetzung. Löst sich nur leicht in konzentrierter Salzsäure und Alkalien. Durch Destillation mit Ätzkali entsteht 5-Amino-2-kresol Smp. 173°, dessen Acetylderivat Smp. 275°.

4-Aminoresorcin-6-carbonsäure (Aminoresorcylsäure): Smp. 193°, Chlorhydrat blaugrüne Kristalle Smp. 212—13°, Sulfat Smp. 226°.

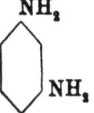

1,2-Phenylendiamin: Smp. 102—03°, Sdp. 256 bis 258°, Diacetylderivat Smp. 185—86°, Methylbenzimidazol Smp. 175°, Dibenzoylderivat Smp. über 300°, Phenanthrazin Smp. 217°. Dessen Lösung in Schwefelsäure braunrot $\lambda = 576, 517,5, 484,5$ $\mu\mu$. Beim Verdünnen der schwefelsauren Lösung fällt die gelbe Base aus, die in Äther ohne Fluoreszenz löslich ist. Ferrichlorid bildet rubinrotes Diaminophenazin.

1,3-Phenylendiamin: Smp. 63°, Sdp. 282—84°, Monoacetylderivat Smp. 87°, Diacetylderivat Smp. 191°, Dibenzoylderivat Smp. 240°; Phenylenbraunreaktion.

1,4-Phenylendiamin: Smp. 140°, Sdp. 267° (Furrein D-Ciba), Monoacetylderivat Smp. 162°, Diacetylderivat Smp. über 300°, Dibenzoylderivat Smp. über 300°; Oxydation in Gegenwart von Anilin oder o-Toluidin gibt blaue Indamine, in Gegenwart von Schwefelwasserstoff mit Ferrichlorid Lauthsches Violett.

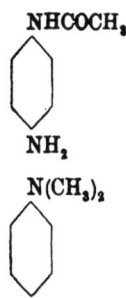

NHCOCH₃ / NH₂

4-Aminoacetanilid: Smp. 162⁰, siehe unter 1,4-Phenylendiamin.

4-Aminodimethylanilin: Smp. 41⁰, Sdp. 257⁰, Acetylderivat Smp. 132⁰, Benzoylderivat Smp. 222⁰. Im Salzsäurestrom entsteht bei 180⁰ 1,4-Phenylendiamin. Methylenblaureaktion.

NH / NH₂

4-Aminodiphenylamin: Smp. 66⁰ (61), Sdp. (in H₂-Atm.) 354⁰, Acetylderivat Smp. 238⁰. In saurer Lösung mit Wasserstoffsuperoxyd und einer Spur Ferrosulfat indigoblauer Niederschlag von Willstätters Imid. Mit Ferrichlorid zuerst rot, dann grüner Niederschlag, welcher in Schwefelsäure mit roter Farbe löslich ist.

NHCH₃ / COOH / NH₂

4-Aminophenylglycin: Smp. 208⁰ (bei 180⁰ wird die Substanz zuerst gelb und schmilzt dann bei 208⁰ unter Zersetzung), saure oder alkalische Lösungen werden an der Luft violett, mit Ferrichlorid zuerst grün, dann violett.

CH₃ / NH₂ / NH₂

3,4-Diaminotoluol: Smp. 88,5⁰, Sdp. 265⁰, 3-Acetylderivat Smp. 95⁰, Methylbenzimidazol Smp. 145 bis 150⁰; 4-Acetylderivat Smp. 111⁰, Methylbenzimidazol Smp. 203⁰; Diacetylderivat Smp. 210⁰, Dibenzoylderivat Smp. 263—64⁰, 3-Benzoylderivat Smp. 158⁰, 4-Benzoylderivat Smp. 193—94⁰, Phenanthrazin Smp. 212—13⁰, dessen Lösung in Schwefelsäure braunrot $\lambda = 525, 491\ \mu\mu$; beim Verdünnen fällt die gelbe Base aus, die in Äther ohne Fluoreszenz löslich ist.

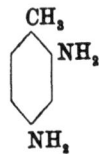

2,4-Diaminotoluol: (m-Toluylendiamin) Smp. 99⁰, Sdp. 280⁰, 2-Acetylderivat Smp. 140⁰, 4-Acetylderivat Smp. 161⁰, Diacetylderivat Smp. 224⁰, Dibenzoylderivat Smp. 224⁰, Phenylenbraunreaktion.

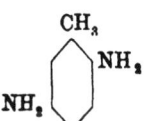

2,5-Diaminotoluol: (p-Toluylendiamin) Smp. 64⁰, Sdp. 274⁰, Diacetylderivat Smp. 224⁰, dasselbe oxydiert mit Kaliumpermanganat, gibt 2,5-Diacetylaminobenzoesäure Smp. 262⁰. Oxydation in Gegenwart von Anilin oder o-Toluidin blaugrüne Indamine.

4,5-Diamino-1,3-dimethylbenzol: Smp. 77—78°, mit Ferrichloridlösung rot. Die Lösung des Phenanthrazins in Schwefelsäure braunrot $\lambda = 526, 493\ \mu\mu$, beim Verdünnen fällt die gelbe Base aus, die in Äther ohne Fluoreszenz löslich ist.

2,4-Diaminochlorbenzol: Smp. 89°, Diacetylderivat Smp. 242—43°, Dibenzoylderivat Smp. 178°, Phenylenbraunreaktion.

2,5-Diaminochlorbenzol: Smp. 64°, Diacetylderivat Smp. 196—97°, Dibenzoylderivat Smp. 228°.

3,4-Diaminochlorbenzol: Smp. 72°, Diacetylderivat Smp. 201°, Dibenzoylderivat Smp. 230°, Phenanthrazin Smp. 243°, dessen Lösung in Schwefelsäure braunrot $\lambda = 523, 494\ \mu\mu$, beim Verdünnen fällt die gelbe Base aus, die in Äther nur wenig ohne Fluoreszenz löslich ist.

2,4-Diaminophenol: Smp. 78—80° (Zersetzung), unbeständig, alkalische Lösungen werden blau, Diacetylderivat Smp. 220—22°, Triacetylderivat Smp. 180—82° (mit kalter verdünnter NaOH entsteht daraus das Diacetylderivat), Dibenzoylderivat Smp. 185°, Tribenzoylderivat Smp. 240—42°.

2,5-Diaminophenol: Wässerige Lösung des Chlorhydrates rasch violett. Diacetylderivat Smp. 265°, Triacetylderivat Smp. 234°.

2,5-Diamino-4-kresol: Mit alkalischer α-Naphthollösung blaue Indophenolreaktion. Methyläther Smp. 166° (Zersetzung), dessen Monoacetylderivat Smp. 125°, Diacetylderivat Smp. 165°.

3,5-Diamino-2-kresol: Freie Base sehr unbeständig, Chlorhydrat farblose Nadeln.

Unsulfurierte Amine.

3,5-Diamino-4-kresol: Äthyläther destilliert unzersetzt. Gibt Chrysoidinreaktion. Mit Nitrosodimethylanilin entsteht ein blauer Farbstoff, der bei langem Kochen violettrot wird.

2,5-Diamino-4-kresolmethyläther: Smp. 166° (Zersetzung), wässerige Lösung wird an der Luft bald grün, mit alkalischer β-Naphthollösung Indophenolreaktion.

3,5-Diamino-2-oxybenzoesäure: Schlecht löslich in kaltem Wasser, gut in heißem; mit neutralem Ferrichlorid braunrot.

2,4-Diaminoanisol: (Ursol SC-Agfa?) Mit Nitrosodimethylanilinchlorhydrat charakteristisches Indamin, braunrote Nadeln Smp. 258° aus Benzol.

2, 4, 6-Triaminophenol: Freie Base sehr unbeständig, mit Ferrichlorid intensiv blau (Aminodiiminophenol), Pikrat Smp. 96—97°, Triacetylderivat Smp. 279°, Tetraacetylderivat Smp. 255° (Zersetzung), Tetrabenzoylderivat Smp. 256°.

4-Aminopyrogallol: Freie Base sehr unbeständig, alkalische Lösungen werden blau, dann violett, mit Ammoniak über blau nach rot, mit Ferrichlorid intensiv blau und dann braun. Mit Benzoylchlorid erhitzt entsteht Dibenzoyldioxyphenylbenzoxazol Smp. 144°.

Dehydrothio-p-toluidin: Smp. 191°, Sdp. 434°, alkoholische Lösung fluoresziert blau, durch Zinkstaubdestillation entsteht p-Toluidin. Pikrat Smp. 204—06°, Acetylderivat Smp. 225—27°. Diazotiert und gekuppelt mit β-Naphthol Smp. 214°, dessen Lösung in Schwefelsäure violett. Gekuppelt mit ε-Säure Erika 2 GN (Formanek-Grandmougin)
$\lambda_{H_2O} = 542{,}5,\ 503{,}5\ \mu\mu,$
$\lambda_{C_2H_5OH} = 545{,}0,\ 505{,}5\ \mu\mu,$
$\lambda_{H_2SO_4} = 587$ schwach.

56 Eigenschaften der Spaltprodukte.

Dehydrothio-m-xylidin: Smp. 107°, Sdp. 283° (14 mm). Gekuppelt mit ε-Säure Erika B extra
(Formanek-Grandmougin)
$\lambda_{H_2O} = 553$, 512,5 μμ,
$\lambda_{C_2H_5OH} = 548,5$, 508,5 μμ,
$\lambda_{H_2SO_4} = 586$, 550,5 μμ.

(Eine vollständige Zusammenstellung der Literatur und Eigenschaften einiger Homologen und Analogen des Dehydrothiotoluidins findet man in der Diss. H. Hauser E. T. H. Zürich 1928, Helv. Chim. Acta 1928, 203.)

CH₃
|
C = O
|
CH — NH₂
|
C = O
\
OC₂H₅

Aminoacetessigester: Chlorhydrat Smp. 95° (Zersetzung), freie Base geht an der Luft in gefärbte Substanzen über, die über 250° sich zersetzen ohne zu schmelzen. Mit Alkali Dimethylpyrazindicarbonsäure Smp. 86°, Pikrat Smp. 129°, mit Phenylhydrazin Phenylmethylpyrazolonazobenzol Smp. 155°.

4-Amino-4'-oxydiphenyl: Smp. 217,5°, N-Acetylderivat Smp. 225°, aus dem Diazoniumsalz 4,4'-Diphenol Smp. 274—75°.

Benzidin: Smp. 127—28°, Sdp. 400° (740 mm), (Echtcorinth B-Base) Sulfat schwerlöslich in Wasser, Chromat charakteristische tiefblaue Nadeln. Pikrat Smp. 190°, Monoacetylderivat Smp. 199°, Diacetylderivat Smp. 315° (330), Monobenzoylderivat Smp. 203—05°, Dibenzoylderivat Smp. 352°. Farbstoffe aus Benzidin haben Affinität zu Baumwolle.

o-Tolidin: Smp. 127—29°, (Echtblau R-Base) Sulfat schwer löslich, Dipikrat Zersetzungspunkt 215°, Diformylderivat Smp. 254°, Monoacetylderivat Smp. 103° (+1 H₂O), Diacetylderivat Smp. 306°, Monobenzoylderivat Smp. 198—200°, Dibenzoylderivat Smp. 265°. Farbstoffe aus o-Tolidin haben Affinität zu Baumwolle.

m-Tolidin: Smp. 109°. Farbstoffe aus m-Tolidin haben keine Affinität zu Baumwolle.

Unsulfurierte Amine.

o-Äthoxybenzidin: Smp. 139°, Sdp. 300°, Sulfat schwerlöslich in Wasser, leicht in verd. Salzsäure. Monoacetylderivat Smp. 137—38° (Acetylgruppe im nicht substituierten Kern), Dibenzoylderivat Smp. 240°. Mit HCl im Bombenrohr erhitzt entsteht Oxybenzidin, Smp. 185°. Farbstoffe aus o-Äthoxybenzidin haben Affinität zu Baumwolle.

o-Dianisidin: Smp. 137—38° (168 bis 72), (Echtblau B-Base) Sulfat schwer löslich, Monoacetylderivat ($+1 H_2O$) Smp. 67°, verliert bei 100° das Kristallwasser und schmilzt dann bei 116°, Diacetylderivat Smp. 231°, Dibenzoylderivat Smp. 265° (236°). Farbstoffe aus o-Dianisidin haben Affinität zu Baumwolle.

o, o'-Dichlorbenzidin: Smp. 132 bis 33°, Sulfat sehr schwer löslich in Wasser. Monoacetylderivat Smp. 104 bis 05°, Diacetylderivat Smp. 302°, Dibenzoylderivat Smp. 265°. Farbstoffe aus o, o'-Dichlorbenzidin haben Affinität zu Baumwolle.

m, m'-Dichlorbenzidin: Smp. 163°, Farbstoffe daraus haben keine Affinität zu Baumwolle.

2,4-Diaminodiphenylamin: Smp. 130°, Diacetylderivat Smp. 188°.

2,4'-Diaminodiphenylamin: Flüssig, Diacetylderivat Smp. 203°. Mit Ferrichlorid grün, nachher purpur. Oxydation mit Bichromat führt zu einem Aminophenazin vom Smp. 265—68°.

4,4'-Diaminodiphenylamin: Smp. 158°, (Ursol DD), wässerige Lösung wird mit Ferrichlorid grün. Sulfat schwer löslich. Monacetylderivat Smp. 178°, in Salzsäure mit Ferrichlorid wird es rotviolett. Diacetylderivat Smp. 239°. Das Diamin oxydiert mit Bichromat gibt blaue Indamine, in Gegenwart von Anilin Phenosafranin.

4,4'-Diamino-3,3'-ditolylamin: flüssig, Sdp. 312° (727 mm Zersetzung), die schwefelsaure Lösung wird mit Nitrat zuerst gelb, dann grün und zuletzt rotbraun.

58 Eigenschaften der Spaltprodukte.

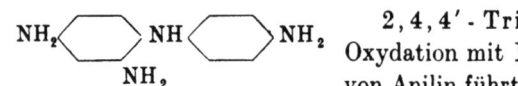

2,4,4'-Triaminodiphenylamin: Oxydation mit Bichromat in Gegenwart von Anilin führt zu Aminophenosafranin.

4,4'-Diaminodiphenylmethan: Smp. 88—89°, Sdp. 398—99°, Diacetylderivat Smp. 228°, Dibenzoylderivat Smp. 244°.

4,4'-Diamino-3,3'-ditolylmethan: Smp. 123°, Dibenzoylderivat Smp. 207—08°. Das Chlorhydrat wird beim Erwärmen mit Ferrichlorid tiefviolett.

4,4'-Diamino-2,5,2',5'-dixylylmethan: Smp. 144° (138—39), Dibenzoylderivat Smp. 247—48°, 4,4'-Dioxydixylylmethan Smp. 181°. Das Chlorhydrat wird beim Erwärmen mit Ferrichlorid tief violett.

4,4'-Diaminodiphenylharnstoff: Sublimiert bei 310° ohne zu schmelzen. Diacetylderivat Smp. 344°. Chlorhydrat mit Ferrichlorid violett.

4,4'-Diaminodiphenylthioharnstoff: Smp. 195°.

4,4'-Diaminothiodiphenyl (Thioanilin): Smp. 105—108°, Sulfat schwer löslich in Wasser, Diacetylderivat Smp. 214—16°. Durch Erwärmen mit Salpetersäure entsteht Schwefelsäure und Pikrinsäure.

Azoxytoluidin: Smp. 168°, Diacetylderivat Smp. 290°.

α-Naphthylamin: Smp. 50°, Sdp. 300° (Echtgranat B Base), wasserdampfflüchtig, Acetylderivat Smp. 159°, Benzoylderivat Smp. 156°, Pikrat Smp. 161° (Zersetzung), p-Toluolsulfoderivat Smp. 157°. Mit Ferrichlorid tief blau.

Aminosulfosäuren.   59

β-Naphthylamin: Smp. 111—12⁰, Sdp. 306⁰, wenig wasserdampfflüchtig, Acetylderivat Smp. 134 bis 136⁰, Benzoylderivat Smp. 157⁰, p-Toluolsulfoderivat Smp. 133⁰.

1,4-Diaminonaphthalin: Smp. 120⁰, sehr unstabil, Diacetylderivat Smp. 304⁰, Dibenzoylderivat Smp. 186⁰, Sulfat schwer löslich, mit Salpetersäure oder Chromsäure entsteht α-Naphthochinon. Smp. 125⁰ (siehe auch S. 69).

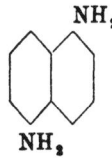

· 1,5-Diaminonaphthalin: Smp. 189,5⁰, Diacetylderivat Smp. über 360⁰, Tetrazoverbindung verkocht mit Kupferchlorürlösung 1,5-Dichlornaphthalin Smp. 106 bis 107⁰. Freie Base in Wasser suspendiert mit Ferrichlorid blauviolett.

2. Aminosulfosäuren.

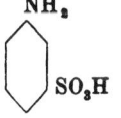

2-Anilinsulfosäure (Orthanilsäure): Rhomboedrische Kristalle oder vierseitige Säulen. Ba-Salz gibt mit Bromwasser Tribromanilin vom Smp. 119⁰ und dibromanilinsulfosaures Barium. 1 T. freie Säure löst sich bei Zimmertemperatur in 60 T. Wasser. Kaliumpermanganat oxydiert zu Azobenzoldisulfosäure. (Siehe auch Tafel I).

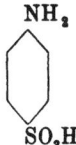

3-Anilinsulfosäure (Metanilsäure): Lange farblose Nadeln. 1 T. Säure löslich in 68 T. Wasser bei 15⁰. Chlorhydrat Smp. 235⁰ (Zersetzung). Freie Säure wird nicht acetyliert. Sulfonamid Smp. 142⁰, Acetylsulfonamid Smp. 216—19⁰. Mit Kaliumpermanganat entsteht Azobenzoldisulfosäure. (Siehe auch Tafel II).

NH₂

SO₃H

4-Anilinsulfosäure (Sulfanilsäure): Schwer löslich in kaltem Wasser, 1 T. in 166 T. Wasser bei 10⁰. Rhombische Tafeln oder monokline Kristalle. Ba-Salz gibt mit Bromwasser Tribromanilin. Acetylsulfanilsäurechlorid Smp. 149⁰, Äthylester Smp. 115⁰. Benzoylsulfanilsäurechlorid Smp. 176⁰. Mit Chromsäuremischung oder Braunstein und Schwefelsäure entsteht Chinon, mit Kaliumpermanganat Azobenzoldisulfosäure. (Siehe auch Tafel I)

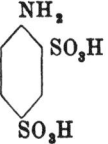

Anilin-2,4-disulfosäure: Gut löslich in Wasser und Alkohol. Zersetzt sich über 120⁰. Säurechlorid Smp. 63⁰. Amid Smp. 235⁰ (229). Mit Bromwasser entsteht zum Teil Tribromanilin. Reinigung am besten über das Bleisalz.

Anilin-2,5-disulfosäure: leicht löslich in Wasser. Durch Erhitzen mit Wasser im Bombenrohr entsteht Anilin-3-sulfosäure.

2-Toluidin-5-sulfosäure: Wenig löslich in kaltem Wasser, 1 T. in 31,5 T. Wasser bei 19°. Sulfamid Smp. 175°, dessen Chlorhydrat Smp. 240°. Durch Erhitzen der wässerigen Lösung auf 180—200° entsteht o-Toluidin und Schwefelsäure. Mit Bromwasser bildet sich Dibrom-o-toluidin, mit Oxydationsmitteln Toluchinon. Die kalte wässerige Lösung wird mit wenig Bleisuperoxyd rosa, dann grün und mit mehr PbO_2 schwarzviolett.

4-Toluidin-2-sulfosäure: Monokline Kristalle, schwer löslich in kaltem Wasser. 100 g wässerige Lösung enthalten 0,45 g Säure bei 20°. Unlöslich in Alkohol. Sulfochlorid Smp. 124°. Anilid Smp. 220°. Mit Bleisuperoxyd gelbrot, mit Ferrichlorid beim Erwärmen bordeaurot, mit Bromwasser Bromtoluolsulfosäure.

4-Toluidin-3-sulfosäure: Schwefelgelbe Nadeln, 1 T. löslich in 10 T. kaltem Wasser, löslich in Alkohol. Durch Erhitzen der wässerigen Lösung erhält man bei 180° p-Toluidin. Durch Alkalischmelze p-Oxybenzoesäure. Die wässerige Lösung wird mit PbO_2 weinrot. Mit Bromwasser entstehen Di- und Tribromtoluidin neben Bromtoluidinsulfosäure.

2-Aminophenol-4-sulfosäure: Kurze monokline Säulen, wenig löslich in kaltem Wasser. In kochendem Wasser unbeständig. Anilid Smp. 205°.

4-Aminophenol-2-sulfosäure: Sehr kleine Würfel oder feine Nadeln, unlöslich in Wasser und Alkohol. Anilid Smp. 98°. Mit Ferrichlorid violett. Durch Erhitzen mit Salzsäure auf 180° wird die Sulfogruppe abgespalten. Silbernitratlösung wird durch ammoniakalische Lösung sofort reduziert.

4-Aminophenol-2,6-disulfosäure: Feine, seideglänzende zerfließliche Nadeln, leicht löslich in Wasser, schwer in Alkohol. Die sauren Alkalisalze sind schwer löslich in kaltem Wasser. Lösungen von Säure oder Salzen mit Ferrichlorid violett.

Aminosulfosäuren.

3-Chloranilin-6-sulfosäure: Rötliche Kristalle, schwer löslich in Wasser. Durch Entamidierung entsteht p-Chlorbenzolsulfosäure, deren Chlorid Smp. 52°, Sulfonamid Smp. 140°.

3-Chlor-2-toluidin-5-sulfosäure: Leicht löslich in Wasser. Mit Schwefelsäure von 75% wird bei 150—60° die Sulfogruppe abgespalten.

2-Chlor-5-toluidin-4-sulfosäure: Wenig löslich in Wasser. Lösungen in Natriumacetat werden mit Ferrichlorid braun. Diazokörper wenig löslich. Bromwasser entfärbt unter Bildung von 6-Chlor-2,4-dibrom-3-toluidin Smp. 99,5°. Durch Erwärmen mit Schwefelsäure von 75% wird die Sulfogruppe abgespalten unter Bildung von 6-Chlor-3-toluidin Smp. 83°, Sdp. 241°.

2-Amino-4-sulfobenzoesäure: Gelbliche rhombische Tafeln, wenig löslich in Wasser. Säure und Salze fluoreszieren in verdünnter Lösung blaurot. Überführung in Thioindigoderivate über Sulfophenylthioglykol-o-carbonsäure.

5-Amino-2-oxy-3-sulfobenzoesäure: Wenig löslich in kaltem Wasser. Mit Chromsäure rotbraune Farbe.

1,2-Diaminobenzol-4-sulfosäure: Schwer löslich in kaltem Wasser, leicht in heißem. Wässerige Lösung mit Ferrichlorid rotbraun. Kondensation mit Phenanthrenchinon zum Sulfophenanthrazin, das in Schwefelsäure mit rotbrauner Farbe löslich.

1,3-Diaminobenzol-4-sulfosäure: Dimorph, bräunliche monokline Tafeln oder trikline Prismen, wenig löslich in kaltem Wasser. Phenylenbraunreaktion. Läßt sich in wässeriger Lösung mit Essigsäureanhydrid monoacetylieren und nachher diazotieren.

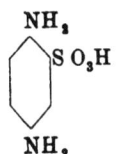

1,4-Diaminobenzol-2-sulfosäure: Ziemlich löslich in Wasser, wenig in Alkohol. In Gegenwart von m-Toluylendiamin mit Ferrichlorid Indaminreaktion, in Gegenwart von α-Naphtholnatrium, Indophenol. Läßt sich mit Essigsäureanhydrid in wässeriger Lösung monoacetylieren und nachher diazotieren.

NH₂—⟨OH, SO₃H⟩—NH₂ 2,6-Diaminophenol-4-sulfosäure: Lösungen mit Oxydationsmitteln tief braun. Beständiges, gut lösliches Tetrazoderivat. Mit β-Naphthol blauschwarzer Farbstoff, in wässeriger Lösung violett, mit Säure rot.

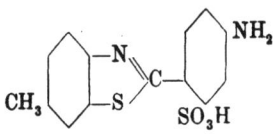

NH₂ Dephydrothio-p-toluidinsulfosäure: Gelbe Nadeln, fast unlöslich in Wasser, Alkohol oder Äther. Salze fluoreszieren blau. Mit NaOCl entsteht Chloramingelb M.

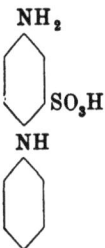

4-Aminodimethylanilin-3-sulfosäure: Kristalle, löslich in Alkohol und sehr löslich in Wasser.

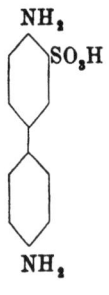

4-Aminodiphenylamin-2-sulfosäure: Gut löslich in Wasser. Lösungen werden rasch dunkel. Mit Ferrichlorid über rot nach violett und dann dunkler Niederschlag. Anilid Smp. 171°.

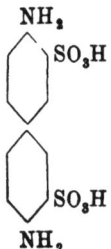

Benzidin-3-sulfosäure: Schwer löslich in Wasser, unlöslich in Alkohol. Na-Salz des Diacetylderivates schwer löslich in Wasser, Farbstoffe daraus haben Affinität zu Baumwolle.

Benzidin-3,3′-disulfosäure: Schwer löslich in kochendem Wasser. Wässerige Lösung wird mit Bromwasser grün. Säure löslich in konzentrierten Säuren. Farbstoffe daraus haben Affinität zu Baumwolle.

Aminosulfosäuren. 63

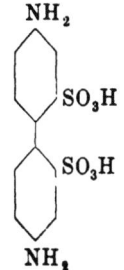

Benzidin-2,2'-disulfosäure: Wenig löslich in heißem Wasser. Amid Smp. 278°, dessen Chlorhydrat Smp. 205°. Durch Alkalischmelze erhält man 4,4'-Diaminodiphenylenoxyd Smp. 150—52°. Farbstoffe aus der 2,2'-Disulfosäure haben keine Affinität zu Baumwolle.

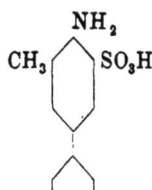

o-Tolidin-o-disulfosäure: Leicht löslich in heißem Wasser. Tetrazoderivat unlöslich in Wasser. Salze leicht löslich in Wasser. Farbstoffe daraus haben Affinität zu Baumwolle.

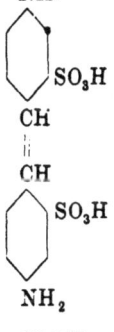

Diaminostilbendisulfosäure: Gelbe Nädelchen, unlöslich in Alkohol und fast unlöslich in Wasser. Oxydation mit Kaliumpermanganat in neutraler Lösung führt zu 4-Amino-2-sulfobenzaldehyd. Tetrazotiert und gekuppelt mit Phenol Brillantgelb, dasselbe mit konzentrierter Salzsäure stahlblau. Farbstoffe haben Affinität zu Baumwolle.

NH₂
COOH

Benzoesäure: Wasserdampfflüchtig. Smp. 121°.

COOH
Cl
Cl

2,4-Dichlorbenzoesäure: Smp. 158°.

CH₃
SO₃H

p-Toluolsulfosäure: Blätter oder Prismen, Smp. 92°. Ätznatronschmelze gibt p-Kresol und p-Oxybenzoesäure.

1-Naphthylamin-4-sulfosäure (Naphthionsäure): Kleine glänzende Nadeln (aus heißem Wasser). 1 Teil Säure löst sich in 4000—5000 Teilen Wasser von 15°. Die wässerige Lösung der Salze fluoresziert blauviolett. Die Lösung des Natriumsalzes gibt mit Ferrichlorid eine lehmfarbige Fällung, beim Kochen eine dunkle Lösung. Durch Erhitzen mit konzentrierter Salpetersäure und Eingießen in Wasser bildet sich 2,4-Dinitro-1-naphthol. Smp. 138°. Durch Oxydation entsteht kein Naphthochinon. (Siehe auch Tafel II).

1-Naphthylamin-5-sulfosäure (Laurentsche Säure): Feine Nadeln, in heißem Wasser ziemlich leicht löslich. Die Lösungen der Säure und ihrer Salze fluoreszieren grün. Natrium- und Calciumsalze sind in Alkohol löslich. Mit Bromwasser entsteht eine intensiv violette Färbung, welche sofort in kirschrot übergeht und dann verblaßt. (Siehe auch Tafel II.)

1-Naphthylamin-6-sulfosäure (Cleve-Säure 1,6): Feine Nadeln, schwer löslich in kaltem, leichter in heißem Wasser. Wässerige Lösung der Salze fluoresziert schwach grün. Eisenchlorid färbt die wässerige Lösung der Säure intensiv blau. Diazoverbindung bildet feine Nadeln, und bildet mit β-Naphthol einen gelbroten Farbstoff. (Siehe auch Tafel II.)

1-Naphthylamin-7-sulfosäure (Cleve-Säure 1,7): Bildet zumeist leicht lösliche Salze, die in wässeriger Lösung schwach grün fluoreszieren. Die wässerige Lösung der Säure wird durch Eisenchlorid kornblumenblau gefärbt, mit Essigsäure schlägt die Farbe nach rot um. Diazoverbindung leicht löslich und kuppelt mit β-Naphthol zu einem fuchsinroten Farbstoff. (Siehe auch Tafel III.)

1-Naphthylamin-3,6-disulfosäure (Freundsche Säure): Leicht löslich in Wasser und Alkohol. Das saure Na-Salz (Nadeln) und das Ca-Salz (Blättchen) sind in Wasser leicht löslich und zeigen eine schwach blaue Fluoreszenz.

1-Naphthylamin-3,8-disulfosäure: Farblose glänzende Schüppchen, in heißem Wasser sehr leicht löslich. Das saure Na-Salz (Nadeln) ist in Wasser ziemlich schwer löslich mit blauer Fluoreszenz. Der Diazokörper bildet farblose, schwer lösliche Nadeln.

Aminosulfosäuren.

1-Naphthylamin-4,7-disulfosäure (Dahlsche Säure III): Sie kristallisiert aus Wasser in kleinen, rosettenförmig gruppierten oder verfilzten Nadeln. Die Na- und K-Salze sind leicht löslich in Wasser, ihre Lösungen fluoreszieren schwach blau. Mit Salpetersäure gekocht entsteht ein gelber Farbstoff, das Naphtholgelb S. Die Diazoverbindung ist ein gelber, stärkekleisterartiger Brei.

1-Naphthylamin-4,8-disulfosäure (α-Naphthylamindisulfosäure S): Das saure Na-Salz bildet lange Prismen, in kaltem Wasser wenig löslich. Wässerige Lösungen der Salze fluoreszieren gelbgrün.

2-Naphthylamin-1-sulfosäure (Tobias-Säure): Wasserfreie Kristallblättchen (aus der heißen Lösung der Salze mit Säure gefällt) oder wasserhaltige Nadeln (aus verdünnten Lösungen), in kaltem Wasser schwer löslich. Lösung der reinen Salze fluoresziert nicht. Diazoverbindung nahezu unlöslich in Wasser und scheidet sich in schwefelgelben Kristallen ab.

2-Naphthylamin-5-sulfosäure: In kaltem Wasser sehr schwer, in heißem etwas leichter löslich. Lange, weiße, feine Nadeln. Die Lösungen der Salze fluoreszieren rotblau. Die Diazoverbindung ist ein gelbgrünes, kristallinisches Pulver.

2-Naphthylamin-6-sulfosäure (Brönner-Säure): Seidenglänzende Blätter oder Schuppen, in Wasser viel schwerer löslich als die 2,8-Säure. Salze sind silberglänzend und meist schwer löslich, ihre wässerigen Lösungen fluoreszieren blau. Die gelbe Diazoverbindung ist in Wasser ziemlich schwer löslich. (Siehe auch Tafel III.)

2-Naphthylamin-7-sulfosäure (Amino-F- oder-δ-Säure): Lange glänzende Nadeln aus Wasser. In lauwarmem Wasser leichter löslich als die Brönner-Säure. Das Ca-Salz kristallisiert mit 6 Mol. H_2O in blau fluoreszierenden Blättchen. Die Lösungen der Salze fluoreszieren rotviolett. Die Diazoverbindung ist ein grobkristallines orangerotes Pulver.

2-Naphthylamin-8-sulfosäure: Nädelchen oder Prismen. In kaltem Wasser sehr schwer löslich, in Alkohol fast unlöslich. Die Lösungen der Salze und der Säure blau. Mit Diazoverbindungen entstehen keine Azofarbstoffe. Der schwerlösliche Diazokörper ist grüngelb. (Siehe auch Tafel III.)

2-Naphthylamin-3,6-disulfosäure (Amino-R-Säure): In Wasser ziemlich schwer löslich, die Salze zeigen eine violettblaue Fluoreszenz. Mit chloriertem Pyridin entsteht eine orangerote Färbung. Die Säure kombiniert sich mit Diazoverbindungen zu Azofarbstoffen. Der schwerlösliche Diazokörper bildet hellgelbe Nädelchen.

2-Naphthylamin-4,7-disulfosäure: Das saure Na-Salz bildet weiße verfilzte Nädelchen (aus heißem Wasser). Die Lösungen der Salze fluoreszieren stark rotblau. Die mäßig lösliche Diazoverbindung bildet gelbe Nädelchen.

2-Naphthylamin-4,8-disulfosäure (Säure IV): Konzentrisch gruppierte Prismen, in Alkalien mit tiefblauer Fluoreszenz löslich. Das saure Na-Salz bildet feine Nadeln, in Alkohol sehr schwer löslich. Die Diazoverbindung bildet schwach gelbliche Nädelchen, die ziemlich schwer löslich sind.

2-Naphthylamin-6,8-disulfosäure (Amino-G-Säure): In Wasser leicht, in Alkohol schwerer löslich. Das Ca- und Ba-Salz sind in Wasser leicht mit tiefblauer Fluoreszenz löslich. Mit Diazoverbindungen bildet die Säure keine Azofarbstoffe.

2-Naphthylamin-5,7-disulfosäure: Glänzende Blättchen mit 5 Mol. Kristallwasser (aus Wasser) oder lange Nadeln (aus salzsauren Lösungen). Die Lösungen der Salze fluoreszieren grün.

B. Kupplungskomponenten.

1. Polyamine der Benzolreihe.

1,2,4-Triaminobenzol: Chlorhydrat oder Sulfat fallen aus konzentrierten Lösungen auf Zusatz von Alkohol aus. Lösungen sehr autoxydabel. Die natronalkalische Lösung wird auf Filterpapier gelb mit grünem Rand, die ammoniakalische oder sodaalkalische langsam reinblau. Mit Natriumnitrit werden die Lösungen zuerst blau, dann violett und zuletzt rot, mit anderen Oxydationsmitteln erhält man sofort die rote Farbe. Tribenzoylderivat Smp. 264—65°. Phenanthrazin $\lambda_{H_2SO_4}$ = 525,5, 490, 457 $\mu\mu$, schwefelsaure Lösung beim Verdünnen mit Wasser zuerst gelb und dann rotbrauner Niederschlag. Ätherische Lösungen fluoreszieren grün.

1, 2, 4, 3 (6)-Tetraminobenzol: Chlorhydrat oder Sulfat fallen aus konzentrierten Lösungen auf Zusatz von Alkohol aus. Sowohl Lösungen wie trockene Salze sehr luftempfindlich. Natronalkalische Lösung wird auf Filterpapier gelbbraun, ammoniakalische oder sodaalkalische blau. Natriumnitrit erzeugt sofort einen braunen Niederschlag, auf Filterpapier mit gelbem Auslauf. Oxydationsmittel schmutzig rotbraun. Phenanthrazin $\lambda_{H_2SO_4}$ = 524,5, 490, 456,5 $\mu\mu$, Schwefelsaure Lösungen beim Verdünnen mit Wasser gelb und dann rotbrauner Niederschlag. Ätherische Lösungen fluoreszieren grün.

2, 4, 5-Triaminotoluol: Chlorhydrat oder Sulfat in Alkohol unlöslich, werden an der Luft rötlich. Natronalkalische Lösung wird auf Filterpapier grünlichgelb, mit Salzsäure betupft rosa. Mit Natriumnitrit werden die Lösungen zuerst gelbbraun, dann orangerot, mit Eisenchlorid oder Bichromat zuerst schwach bläulich, nach Zusatz von mehr Oxydationsmittel leuchtend kirschrot. Das gebildete Phenazin kann durch Aussalzen mit Kochsalz als dunkel glänzende Kristalle erhalten werden, $\lambda_{C_2H_5OH+HCl}$ = 510 $\mu\mu$.

Phenanthrazin $\lambda_{H_2SO_4}$ = 530, 492,5, 457,5 $\mu\mu$. Schwefelsaure Lösung wird beim Verdünnen mit Wasser zuerst gelb und dann Ausscheidung rotbrauner Flocken. Ätherische Lösung fluoresziert grün. Tribenzoylderivat Smp. 286—87°.

2, 3, 4, 5-Tetraminotoluol: Chlorhydrat oder Sulfat in Alkohol unlöslich. Etwas beständiger als das Gemisch der Tetraminobenzole. Natronalkalische Lösung wird auf Filterpapier gelb und bleibt mit Salzsäure unverändert, ebenso verhält sich ammoniakalische Lösung. Mit Oxydationsmitteln zuerst rotviolett und dann rasch brauner Niederschlag.

Phenanthrazin: $\lambda_{H_2SO_4}$ = 531, 493, 458 $\mu\mu$. Die schwefelsaure Lösung wird mit Wasser zuerst gelb und dann bildet sich ein rotbrauner Niederschlag. Lösungen in Pyridin oder Äther fluoreszieren grün.

2, 4, 5-Triaminochlorbenzol: Chlorhydrat und Sulfat in Alkohol unlöslich. Natronalkalische Lösung wird auf Filterpapier gelb, mit Salzsäure betupft rosa, ammoniakalische oder sodaalkalische Lösungen werden langsam blau. Mit Oxydationsmitteln zuerst violett und dann rot. Tribenzoylderivat Smp. 269°.

Phenanthrazin $\lambda_{H_2SO_4} = 524{,}5$, $489{,}5$, $456{,}5$ $\mu\mu$. Die schwefelsaure Lösung wird beim Verdünnen mit Wasser zuerst gelb und dann bildet sich ein rotbrauner Niederschlag. Ätherische Lösung fluoresziert grün.

2, 3, 4, 5-Tetraminochlorbenzol: Chlorhydrat und Sulfat in Alkohol unlöslich. Alkalische Lösung wird auf Filterpapier graublau, mit Salzsäure betupft rosa. Wenig Oxydationsmittel erzeugt ein blaustichiges Rot, mehr einen dunklen Niederschlag.

Phenanthrazin: $\lambda_{H_2SO_4} = 524{,}5$, 490, $456{,}5$ $\mu\mu$. Die schwefelsaure Lösung wird beim Verdünnen mit Wasser zuerst gelb und dann bildet sich ein rotbrauner Niederschlag. Ätherische Lösungen fluoreszieren grün.

2, 4, 5-Triaminobenzolsulfosäure: Kristallisiert aus der sauren erkaltenden Reduktionslösung in weißen Blättchen, wird aber aus der entzinnten Lösung reiner erhalten. In kaltem Wasser wenig, in heißem gut löslich, in organischen Lösungsmitteln unlöslich. Natronalkalische Lösung wird auf Filterpapier gelb, die ammoniakalische grauviolett. Mit Natriumnitrit zuerst blauviolett, dann brauner Niederschlag, mit anderen Oxydationsmitteln rot.

Phenanthrazin $\lambda_{H_2SO_4} = 533{,}5$, 496, 461 $\mu\mu$. In heißem Wasser mit gelboranger Farbe löslich, auf Zusatz von Salzsäure fällt das Chlorhydrat als blauvioletter Niederschlag aus.

2, 3, 4, 5-Tetraminobenzolsulfosäure: Löslichkeiten wie bei der Triaminobenzolsulfosäure. Silberglänzende Schüppchen. Alkalische Lösungen werden auf Filterpapier grau bis graublau, mit Salzsäure betupft rosa. Mit Natriumnitrit werden die Lösungen braunrot und dann bildet sich ein Niederschlag, mit anderen Oxydationsmitteln braunrot ohne Niederschlag.

Phenanthrazin: $\lambda_{H_2SO_4} = 534$, 496, 461 $\mu\mu$, in heißem Wasser etwas löslich.

2. Naphthylendiamine und deren Sulfosäuren[1].

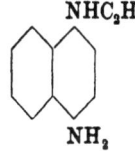

1,2-Diaminonaphthalin: Smp. 95°, weiße silberglänzende Blättchen (aus heißem Wasser), in Alkohol und Äther leicht löslich, empfindlich gegen Oxydationsmittel. Chlorhydrat löst sich in warmem Wasser leicht und wird durch Salzsäure in feinen weißen Nädelchen wieder abgeschieden. Diacetylderivat bildet Nadeln vom Smp. 234°. Das Phenanthrazin (Smp. 272°) ist in konz. Schwefelsäure mit violetter Farbe löslich; $\lambda = 592\ \mu\mu$ (unscharf).

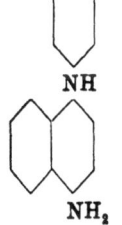

1,4-Diaminonaphthalin: Smp. 120°, weiße luftempfindliche Nadeln von brennendem Geschmack. Diacetylderivat, Smp. 304°, Dibenzoylderivat, Smp. 186°. Das Sulfat ist schwer löslich. Mit Salpetersäure oder Chromsäure entsteht α-Naphthochinon, Smp. 125° (siehe auch S. 59).

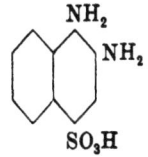

4-Amino-1-äthylnaphthylamin: Flüssig, luft- und lichtempfindlich. Chlorhydrat Smp. 152°, Pikrat Smp. 180°. Mit Chromsäure entsteht α-Naphthochinon Smp. 125°.

4-Amino-1-phenylnaphthylamin: Smp. 148°. Glänzende Schüppchen. Acetylderivat Smp. 192°. Mit Quecksilberoxyd entsteht 1,4-Naphthochinonphenyldiimid Smp. 128—29°. Durch Kochen mit Schwefelkohlenstoff in Alkohol bildet sich der Thioharnstoff Smp. 196°.

1,2-Diaminonaphthalin-4-sulfosäure (Amino-Naphthionsäure): Weiße bis rötliche Nädelchen (aus heißem Wasser), schwer löslich in kaltem Wasser. Lösung in Natronlauge wird auf Filterpapier langsam schwach grünlich-blau, mit Salzsäure hell rosa. Ferrichlorid ergibt eine mattgrüne Färbung (Grieß). Phenanthrazinsulfosäure in konzentrierter Schwefelsäure mit blauvioletter Farbe löslich $\lambda = 593,5\ \mu\mu$. Die Kalischmelze der Naphthophenanthrazinsulfosäure liefert das zugehörige Eurhodol, das sich in konzentrierter Schwefelsäure mit blauer Farbe löst $\lambda = 591,5\ \mu\mu$.

---

[1] Siehe auch Forster u. Hanson, Journ. of the Soc. of Dyers a. Col. 1926, 272.

70 Eigenschaften der Spaltprodukte.

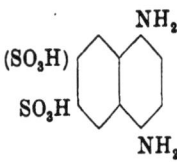

1,2-Diaminonaphthalin-5-sulfosäure (Amino-Laurentsche Säure): Hellbraune bis hellviolette rhombische Blättchen, schwerlöslich. Lösung in Natronlauge wird auf Filterpapier bräunlichgelb, mit grünem Rand, mit Salzsäure dunkelgelb. Die Lösung in Ammoniak wird auf Filterpapier grünlichgelb, mit Salzsäure dunkelgelb mit grünem Rand. Die Säure kann sowohl aus der Laurentschen Säure als aus der 2-Naphthylamin-5-sulfosäure sich ableiten. Ferrichlorid erzeugt sofort eine tief smaragdgrüne Färbung. Das Phenanthrazin löst sich in Schwefelsäure violett $\lambda = 567\ \mu\mu$. Die Naphthophenanthrazinsulfosäure der Kalischmelze unterworfen ergibt ein in Schwefelsäure sich schwärzlich-violett lösendes Eurhodol $\lambda = 570{,}5$, 499 $\mu\mu$.

1,4-Diaminonaphthalin-6-(bzw. 7-)-sulfosäure (Amino-Cleve-Säure): Schwach rötliches Kristallpulver, in kaltem Wasser schwer löslich. Die natronalkalische Lösung wird auf Filterpapier grünlich-gelb mit violettem Rand, mit Salzsäure farblos mit rotem Rand. Die ammoniakalische Lösung wird auf Filterpapier zuerst grünlichgelb, dann grauviolett, mit Salzsäure ziegelrot. Ferrichlorid erzeugt momentan eine schmutziggrüne Färbung, die bald darauf in braunrot übergeht. Phenanthrenchinon liefert kein Chinoxalin im Gegensatz zu den o-Naphthylendiaminsulfosäuren.

Die Säure läßt sich durch Erwärmen mit 65—70% iger Essigsäure monoacetylieren. Die Monoacetylverbindung wird diazotiert und mit R-Salz in sodaalkalischer Lösung zu einem Farbstoff kombiniert $\lambda_{H_2O} = 523{,}5\ \mu\mu$.

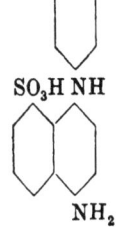

4-Amino-1-phenylnaphthylamin-8-sulfosäure (Aminophenylperisäure): Grünes Pulver, in kaltem Wasser etwas löslich mit gelbgrüner Farbe und grüner Fluoreszenz. Die Lösung in Natronlauge wird auf Filterpapier grünlichgelb, mit Salzsäure entsteht ein farbloser Fleck mit violettem Rand. Die ammoniakalischen Lösungen zeigen die identischen Reaktionen. Ferrichlorid ergibt eine anfangs rotbraune, dann graubraun werdende Färbung.

Diazotierung in mineralsaurer Lösung. Resorcin kuppelt in sodaalkalischer Lösung zu einem braunen Farbstoff, der Wolle in lachsbrauner Nuance färbt. Die Farbstofflösung mit überschüssiger konzentrierter Schwefelsäure versetzt ergibt eine blaurote Farbe $\lambda = 561{,}5\ \mu\mu$.

1,2-Diaminonaphthalin-6-sulfosäure (Amino-Brönner-Säure): Hellbräunliche feine Nädelchen, sehr schwer löslich. Die Lösung in Natronlauge wird auf Filterpapier rotbraun, mit Salzsäure orangebraun. Die ammoniakalische Lösung wird auf Filterpapier hellbraun, mit Salzsäure orange mit violettem Rand. Ferrichlorid erzeugt ein lebhaftes Saftgrün. Die Naphthophenanthrazinsulfosäure löst sich in Schwefelsäure mit rotvioletter Farbe $\lambda = 570{,}5\ \mu\mu$, dieselbe der Kalischmelze unterworfen, liefert das zugehörige Eurhodol, das sich in konzentrierter Schwefelsäure mit rein ultramarinblauer Farbe löst $\lambda = 628{,}5,\ 575\ \mu\mu$.

1,2-Diaminonaphthalin-7-sulfosäure: Hellgraues Pulver, in kaltem Wasser ziemlich schwer löslich. Die natronalkalische Lösung wird auf Filterpapier hellbraun, mit Salzsäure orangebraun. Die ammoniakalische Lösung wird auf Filterpapier hellbraun, mit Salzsäure hellrosa mit bläulichrotem Rand. Ferrichlorid erzeugt eine olivgrüne Färbung. Die Naphthophenanthrazinsulfosäure löst sich in Schwefelsäure mit violetter Farbe $\lambda = 574{,}5\ \mu\mu$, der Kalischmelze unterworfen entsteht das Eurhodol, das sich in Schwefelsäure rein violett löst $\lambda = 602\ \mu\mu$.

1,2-Diaminonaphthalin-3,6-disulfosäure (Amino-R-Säure): Bräunliches Kristallpulver, in kaltem Wasser ziemlich leicht löslich. Die Lösung in Natronlauge wird auf Filterpapier hellgelb, mit Salzsäure farblos mit braunem Rand. Die ammoniakalische Lösung wird auf Filterpapier hellgelb, mit Salzsäure rotviolett. Ferrichlorid erzeugt eine tiefsmaragdgrüne Färbung. Die Naphthophenanthrazindisulfosäure löst sich in konzentrierter Schwefelsäure mit blauroter Farbe $\lambda = 574,\ 532\ \mu\mu$, der Kalischmelze unterworfen entsteht das zugehörige Eurhodol, das sich in Schwefelsäure mit tiefblauer Farbe löst, $\lambda = 625\ \mu\mu$.

3. Aminonaphthole und deren Sulfosäuren[1].

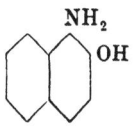

1-Amino-2-naphthol: Weiße Kristallblätter, in siedendem Wasser schwer löslich, in Äther ziemlich schwer. Das Chlorhydrat kristallisiert in weißen, luftempfindlichen Nadeln, die in kaltem Wasser schwer löslich sind. Die ammoniakalische Lösung ist gelb, beim Schütteln mit Luft wird sie rasch dunkelbraun (Unterschied

---
[1] Siehe auch Forster u. Hanson, Journ. of the Soc. of Dyers a. Col. 1926, 272.

von 2-Amino-1-naphthol). Oxydation mit Chromsäuregemisch, Ferrichlorid oder salpetriger Säure[1] führt zum β-Naphthochinon. Pikrat Smp. 109—10°.

OH
NH₂

2-Amino-1-naphthol: Chlorhydrat kristallisiert in weißen, luftempfindlichen Blättchen, schwer löslich in Salzsäure. Die ammoniakalische Lösung färbt sich beim Schütteln mit Luft grün, dabei scheiden sich an der Oberfläche violette, metallglänzende Häute von β-Naphthochinonimid aus (Liebermann). Oxydation mit Chromsäure oder Ferrichlorid liefert. kein β-Naphthochinon, sondern einen gelbbraunen Körper, der Di-β-naphthochinon darstellt.

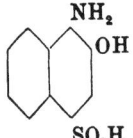

1-Amino-4-naphthol: Weiße luftempfindliche Nadeln. Das Chlorhydrat bildet in Wasser leicht, in Salzsäure schwer lösliche Nadeln, die in feuchtem Zustande luftempfindlich sind. Oxydationsmittel führen das Chlorhydrat quantitativ in α-Naphthochinon über, Smp. 125°. Mit Chlorkalk und verdünnter Salzsäure entsteht bei 0° 1,4-Naphthochinonchlorimid.

NH₂
OH
SO₃H

1-Amino-2-naphthol-4-sulfosäure: Weißes bis schwach rötliches Pulver, in kaltem Wasser sehr schwer löslich. Die natronalkalische Lösung wird auf Filterpapier dunkelbraun, mit Salzsäure erst orangebraun, dann violett werdend mit orangebraunem Rand. Die Lösung in Ammoniak wird auf Filterpapier gelbbraun, mit Salzsäure sofort violett mit orangebraunem Rand. Diazotierung in neutraler Lösung in Gegenwart von Kupfersulfat. Resorcin kuppelt in sodaalkalischer Lösung schon in der Kälte zu einem violettschwarzen Farbstoff $\lambda_{Na_2CO_3} = 640$, 590,5, 550 $\mu\mu$, $\lambda_{HCl} = 583,5$, 543, (515) $\mu\mu$. 20%ige Salpetersäure oxydiert zur β-Naphthochinonsulfosäure (K-Salz gelbe Nädelchen). Das K-Salz in wässeriger Lösung mit Anilin versetzt ergibt einen zinnoberroten Niederschlag von Anilidonaphthochinon Smp. 265° (aus Alkohol).

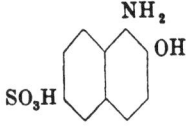

1-Amino-2-naphthol-6-sulfosäure (Amino-Schäffer-Säure): Weiße Kristallnadeln, wenig löslich in kaltem, leicht in heißem Wasser. Die natronalkalische Lösung wird auf Filterpapier olivebis blaugrün, mit Salzsäure orange. Die Lösung in

---

[1] Entgegen den Angaben in der Literatur entsteht zuerst der Diazokörper, der mit Resorcin zu einem violettroten Farbstoff kuppelt
$\lambda_{H_2SO_4} = 584$, 548 $\mu\mu$.
$\lambda_{C_2H_5OH} = 490$, (462) $\mu\mu$.

Ammoniak wird auf Filterpapier rotbraun, mit Salzsäure violett. Die Säure kuppelt mit Diazokomponenten zu rotvioletten Farbstoffen. Oxydation mit Salpetersäure, Brom usw. führt zur Bildung der β-Naphthochinonsulfosäure. Diazotierung in neutraler Lösung in Gegenwart von Kupfersalzen. Das Ba-Salz des Diazokörpers erhält man in Form eines goldgelben Niederschlages. Resorcin kuppelt in sodaalkalischer Lösung in der Kälte sofort zu einem rotvioletten Farbstoff

$$\lambda_{H_2O} = 560, 510, 472 \ \mu\mu.$$
$$\lambda_{NH_3} = 625, 582, 540 \ \mu\mu.$$

1-Amino-2-naphthol-7-sulfosäure (Amino-F-Säure): Meist etwas rötlich gefärbte Nadeln, in heißem Wasser schwerer löslich als die Amino-Schäffer-Säure. Die natronalkalische Lösung wird auf Filterpapier olivegrün, mit Salzsäure blaßviolett. Die Lösung in Ammoniak wird auf Filterpapier gelbbraun, mit Salzsäure entfärbt. Die Säure ist weniger kupplungsfähig als die Amino-Schäffer-Säure, so kuppelt z. B. Brönner-Säure nicht mehr.

Diazotierung in neutraler Lösung in Gegenwart von Kupferchlorid. Das Ba-Salz des Diazokörpers fällt in gelbbraunen Flocken aus. Resorcin kuppelt in sodaalkalischer Lösung in der Kälte sofort mit rotvioletter Farbe.

$$\lambda_{H_2O} = 566, 520, 481 \ \mu\mu.$$
$$\lambda_{NH_3} = 633, 588, 546 \ \mu\mu.$$

1-Amino-2-naphthol-8-sulfosäure (Aminocroceinsäure): Bräunlich gefärbte, lanzettförmige Nädelchen (aus Na-Sulfit), sehr schwer löslich. Die natronalkalische Lösung wird auf Filterpapier dunkelbraun, mit Salzsäure entfärbt. Beim Erhitzen in einer 50%igen Essigsäurelösung mit p-Nitrosodimethylanilin bildet sich ein charakteristischer violetter Farbstoff. Mit Diazokomponenten tritt keine Reaktion ein. Diazotierung in neutraler Lösung in Gegenwart von Kupferchlorid. Der Diazokörper fällt auf Zusatz von Säure als hellgelber kristalliner Niederschlag aus. Resorcin kuppelt nur in natronalkalischer Lösung beim Erwärmen zu einem blauroten Farbstoff,

$$\lambda_{H_2O} = 547, 514 \ \mu\mu,$$
$$\lambda_{NH_3} = 610, 568, 530 \ \mu\mu.$$

2-Amino-1-naphthol-3-sulfosäure: Farblose bis schwach rötlich gefärbte Nädelchen, schwer löslich. Natronalkalische Lösung wird auf Filterpapier grünlichgelb, Salzsäure erzeugt einen rosaroten Fleck. Die Lösung in Ammoniak wird auf Filterpapier dunkelgrün, mit Salzsäure entsteht ein rotbrauner Fleck. Diazotierung in neutraler Lösung in Gegenwart von Kupfersulfat. Der

Diazokörper kann als goldgelbes Na-Salz ausgesalzen werden. Resorcin kuppelt erst in der Hitze in natronalkalischer Lösung zu einem blauvioletten Farbstoff.

$\lambda_{H_2O} = 561, 486, 463\ \mu\mu,$
$\lambda_{NH_3} = 630, 541, 502\ \mu\mu.$

2-Amino-1-naphthol-4-sulfosäure (Amino. Nevile-Winthersäure): Farblose bis schwach violette Nadeln, schwer löslich. Die Lösung in Natronlauge wird auf Filterpapier blaugrün, mit Salzsäure orange. Die ammoniakalische Lösung wird auf Filterpapier erst grün, dann violettschwarz, mit Salzsäure orange. Durch Einwirkung von Salpetersäure entsteht β-Naphthochinonsulfosäure (Witt). Diazotierung in neutraler Lösung in Gegenwart von Kupfersulfat. Das Na-Salz des Diazokörpers wird durch Aussalzen als grünlichgelbes Pulver erhalten. Resorcin kuppelt in sodaalkalischer Lösung in der Kälte mit fuchsinroter Farbe

$\lambda_{H_2O} = 561, 518, 478,$
$\lambda_{NH_3} = 528$ (Verschwommen).

2-Amino-1-naphthol-5-sulfosäure: Farblose Kristallblättchen, schwer löslich. Die natronalkalische Lösung wird auf Filterpapier grünlichgelb, mit Salzsäure rosarot. Die Lösung in Ammoniak wird auf Filterpapier grünlichgelb, mit Salzsäure orange. Eisenchlorid erzeugt in neutraler Lösung eine gelblichgrüne Färbung. Diazotierung in neutraler Lösung in Gegenwart von Kupferchlorid. Das Ba-Salz des Diazokörpers kristallisiert in grünlichgelben Blättern. Resorcin kuppelt in sodaalkalischer Lösung in der Kälte sofort mit tiefblauroter Farbe.

$\lambda_{H_2O} = 574, 529, 476\ \mu\mu,$
$\lambda_{NH_3} = 586, 541\ \mu\mu$ (breite verschwommene Bande).

1-Amino-2-naphthol-3,6-disulfosäure (Amino-R-Säure): Feine weiße Nadeln, in Wasser leicht löslich, beim Erwärmen Zersetzung. Die Lösung in Natronlauge wird auf Filterpapier grüngelb, mit Salzsäure hellrosa. Die Lösung in Ammoniak wird auf Filterpapier grünlichgelb, mit Salzsäure hellviolett. Die Amino-R-Säure kuppelt nicht mit Diazoverbindungen. Silbernitrat wird augenblicklich reduziert. Diazotierung sowohl mineralsauer als auch in neutraler Lösung bei Gegenwart von Kupfersulfat. Resorcin kuppelt in sodaalkalischer Lösung in der Kälte mit tiefblauer Farbe.

$\lambda_{H_2O} = 566,5\ 526, 486,5\ \mu\mu,$
$\lambda_{NH_3} = 635,8, 586,5, 559\ \mu\mu.$

1-Amino-2-naphthol-6,8-disulfosäure (Amino-G-Säure): Schneeweiße Prismen und verästelte Gebilde, leicht löslich, ohne merkliche Zersetzung beim Erwärmen. Die Lösung in Natronlauge wird auf Filterpapier dunkelviolett, mit Salzsäure gelblich mit orangerotem Rand. Die Lösung in Ammoniak wird auf Filterpapier erst grünlichgelb, dann rötlichbraun, mit Salzsäure orange mit violettem Rand. Silbernitrat wird durch die neutrale Lösung erst nach einiger Zeit reduziert. Diazotierung in neutraler Lösung in Gegenwart von Kupferchlorid. Der Diazokörper kann nur in Form des Ba-Salzes isoliert werden. Resorcin kuppelt nur in natronalkalischer Lösung beim Erwärmen zu einem schwärzlichvioletten Farbstoff

λ_{H_2O} = 543,3, 508 $\mu\mu$,
λ_{NH_3} = 611,5, 536, 497,5 $\mu\mu$.

1-Amino-2-naphthol-3,6,8-trisulfosäure: Hellgelbes Kristallpulver, leicht löslich, ohne merkliche Zersetzung beim Erwärmen. Die Lösung in Natronlauge wird auf Filterpapier bräunlichgelb, mit Salzsäure entfärbt. Diazoverbindungen kuppeln nicht. Diazotierung in neutraler Lösung in Gegenwart von Kupfersulfat. Beim Ansäuern fällt der Diazokörper aus. Resorcin kuppelt in sodaalkalischer Lösung erst beim Erwärmen zu einem violettroten Farbstoff.

λ_{H_2O} = 555, 521 $\mu\mu$,
λ_{NH_3} = 626,5, 578, (541,5) $\mu\mu$.

2-Amino-1-naphthol-4,8-disulfosäure: Hellviolettes Kristallpulver, leicht löslich, beim Erwärmen geringe Zersetzung. Die Lösung in Natronlauge wird auf Filterpapier zuerst grün, dann braun, mit Salzsäure rot. Die Lösung in Ammoniak wird auf Filterpapier braun, mit Salzsäure rot. Diazoverbindungen kuppeln nicht. Salpetrige Säure bildet in Gegenwart von Kupfersulfat eine Diazoverbindung, welche als grünlichgelbes Pulver erhalten wird. Resorcin kuppelt in sodaalkalischer Lösung sofort mit dunkelvioletter Farbe.

λ_{H_2O} = 560, 522, 483 $\mu\mu$,
λ_{NH_3} = 629, 560 $\mu\mu$.

2-Amino-1-naphthol-3,6-disulfosäure: Weißes lockeres Pulver, in kaltem Wasser wenig löslich. Die Lösung in Natronlauge wird auf Filterpapier grünlichgelb, mit Salzsäure entfärbt. Die ammoniakalische Lösung wird auf Filterpapier zuerst grün, dann graugrün, mit Salzsäure rosarot. Diazotierung in neutraler Lösung in Gegenwart von Kupfersulfat. Der Diazokörper fällt aus der sauren Lösung in Form des sauren Na-Salzes aus. Resorcin kuppelt in sodaalkalischer Lösung sofort mit blauroter Farbe

$$\lambda_{H_2O} = 569{,}5\ (537{,}5),\ 502\ \mu\mu,$$
$$\lambda_{NH_3} = 635,\ 582{,}5\ \mu\mu.$$

2-Amino-1-naphthol-3,8-disulfosäure- (Amino-ε-Säure): Lange farblose Nadeln, in kaltem Wasser etwas löslich. Die Lösung in Natronlauge wird auf Filterpapier gelb, mit Salzsäure rosarot. Die Lösung in Ammoniak wird auf Filterpapier hellgelb, mit Salzsäure rosarot. Diazotierung in neutraler Lösung in Gegenwart von Kupfersulfat. Beim Ansäuern fällt die Diazoverbindung als voluminöser orangegelber Niederschlag aus. Resorcin kuppelt in sodaalkalischer Lösung erst beim Erwärmen zu einem blauroten Farbstoff

$$\lambda_{H_2O} = 564,\ 480{,}5\ \mu\mu,$$
$$\lambda_{NH_3} = 637{,}5,\ 587\ \mu\mu.$$

4. Aminodioxynaphthaline und deren Sulfosäuren [1].

4-Amino-1,5-dioxynaphthalin: Das Chlorhydrat bildet schwach bräunlichgelbe Nadeln und gibt mit Eisenchlorid in neutraler wässeriger Lösung eine rote Färbung, die bald braungelb wird. In saurer Lösung mit Eisenchlorid versetzt tritt keine Rotfärbung ein, dabei färbt sich die Lösung dunkelgelb und scheidet gelbe Nädelchen ab (Unterschied von 2-Amino-1, 5-dioxynaphthalin).

2-Amino-1,5-dioxynaphthalin: Das Zinndoppelsalz kristallisiert in schönen farblosen Nadeln. Die verdünnte Lösung des Chlorhydrates gibt mit Eisenchlorid eine rotviolette Färbung, die alsbald braun, und bei weiterem Zusatz von Eisenchlorid rotbraun wird, wobei sich tiefrote Nadeln abscheiden. Diese Reaktion findet auch in stark saurer Lösung statt.

1-Amino-2,7-dioxynaphthalin: Freie Base an der Luft rasch oxydiert. Mit Oxydationsmitteln erhält man 7-Oxy-1, 2-naphthochinon, Smp. 194°. Triacetylderivat Smp. 183°, Tetraacetylderivat Smp. 135°.

---

[1] Siehe auch Forster u. Hanson, Journ. of the Soc. of Dyers a. Col. 1926, 272.

OH OH   2-Amino-1,8-dioxynaphthalin-4-sulfosäure
/\/\NH₂ (Aminodioxy-S-Säure): Graues Pulver, in kaltem
          Wasser ziemlich leicht löslich. Die Lösung in Natron-
          lauge wird auf Filterpapier ziegelrot bis violettrot,
SO₃H   mit Salzsäure braungelb. Die Lösung in Ammoniak
wird auf Filterpapier zuerst grauviolett, dann dunkelgrün,
mit Salzsäure dunkelviolett. Ferrichlorid erzeugt eine rotbraune, dann
schwarzviolett werdende Färbung. Diazotierung in neutraler Lösung
in Gegenwart von Kupfersulfat. Resorcin kuppelt in natronalkalischer
Lösung erst beim Erwärmen zu einem tiefblauen Farbstoff $\lambda_{Na_2CO_3}$
= 518,0 $\mu\mu$ (in Salzsäure tritt sofort Bräunung ein). Oxydation mit
Bichromat und Schwefelsäure führt zur Chinonsulfosäure. Die wässerige
Lösung des braunen Na-Salzes wird mit Soda bläulichrot

$$\lambda_{Na_2CO_3} = 528,0 \mu\mu.$$

OH OH   2-Amino-1,8-dioxynaphthalin-3,6-disulfo-
/\/\NH₂ säure (Aminochromotropsäure): Weißes Pulver,
          in kaltem Wasser ziemlich leicht löslich. Die Lösung
SO₃H \/\/ SO₃H in Natronlauge wird auf Filterpapier tieforange, mit
Salzsäure tiefgelb, ebenso die Lösung in Ammoniak.
Durch Oxydation mit Braunstein entsteht eine rotviolette Färbung.
Ferrichlorid ergibt eine rotbraune Färbung. Diazotierung in neutraler
Lösung in Gegenwart von Kupfersulfat, Resorcin kuppelt in soda-
alkalischer Lösung beim Erwärmen zu einem lebhaften blauen Farbstoff

$$\lambda_{Na_2CO_3} = 564,5 \ 537, (496,5) \ \mu\mu,$$
$$\lambda_{HCl} = 591,5 \ 549,5 \ \mu\mu.$$

Oxydation mit Bichromat und Schwefelsäure führt zur Chinonsulfosäure. Die wässerige Lösung des braunen Na-Salzes wird mit Soda rot

$$\lambda_{Na_2CO_3} = 519,5 \ \mu\mu.$$

OH NH₂   1-Amino-2,8-dioxynaphthalin-6-sulfo-
/\/\OH säure (Aminodioxy-G-Säure): Weiße Schüpp-
          chen, ziemlich löslich in Wasser. Die Lösung in
SO₃H \/\/   Natronlauge oder Ammoniak wird auf Filterpapier
          zuerst grün, dann gelbbraun. Die neutrale Lösung
wird an der Luft oxydiert unter Bildung einer intensiven roten Färbung.
Die saure Lösung ist gegen Luft unempfindlich. Dieselbe Färbung er-
hält man auch mit Oxydationsmitteln $\lambda_{H_2O} = 567, 524, 492 \ \mu\mu$.

Mit Natriumnitrit erhält man in Gegenwart von Kupfersalzen eine
gelborange Diazolösung, die aber mit Resorcin in natronalkalischer
Lösung erst beim Erwärmen kuppelt und dabei zum Teil noch sich
zersetzt. Wird die Diazolösung mit Soda versetzt, so erhält man beim
Erwärmen die rote Oxydationsfärbung.

5. Di- und Triaminonaphtholsulfosäuren [1].

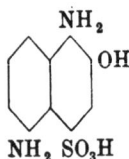

1,5 - Diamino-2-naphthol-4-sulfosäure: Gelblichweißes Pulver, in kaltem Wasser ziemlich schwer löslich. Wird an der Luft leicht unter Grünfärbung oxydiert. Die Lösung in Natronlauge wird auf Filterpapier erst dunkelbraun, dann rasch schwärzlichviolett, mit Salzsäure rötlichbraun. Die Lösung in Ammoniak wird erst bräunlichgrün, dann graubraun, mit Salzsäure erst grün, dann rötlichbraun. Eisenchlorid erzeugt auch in saurer Lösung eine tiefblaue Färbung. Diazotierung in mineralsaurer Lösung. α-Naphthol kuppelt in natronalkalischer Lösung mit tief bläulichroter Farbe.

$$\lambda_{NaOH} = 521{,}0\ \mu\mu,$$
$$\lambda_{HCl} = 518{,}0\ \mu\mu,$$
$$\lambda_{H_2SO_4} = (660),\ 615{,}5\ \mu\mu.$$

Durch Oxydation mit Braunstein erhält man in der Kälte sofort eine tiefblaue Färbung.

1,4 - Diamino - 5 - naphthol - 7 - sulfosäure (4-Amino-M-Säure): Leichtlöslich. Die Lösung in Ammoniak wird auf Filterpapier hellbraun bis rosa, Salzsäure erzeugt einen gelbgrünen Fleck. Manganschlamm erzeugt in der Wärme ein dunkles Rot $\lambda = 539{,}5,\ 503\ \mu\mu$. Salpetrige Säure oxydiert zu Chinon. Mit alkalischer Resorcinlösung entsteht zwar eine Braunrotfärbung, die aber beim Ansäuern wieder verschwindet.

1,6 - Diamino - 5 - naphthol - 7 - sulfosäure (6-Amino-M-Säure): Feine Nädelchen, schwer löslich. Die Lösung in Ammoniak ist rot mit stark grüner Fluoreszenz, auf Filterpapier rosa bis schmutzigrot, Salzsäure erzeugt einen blauen Fleck. Die Säure läßt sich diazotieren und bildet mit R-Salz in sodaalkalischer Lösung einen Farbstoff $\lambda_{H_2O+H_2SO_4} = 496{,}5\ \mu\mu$, mit Phenyl-J-Säure $\lambda_{H_2O + H_2SO_4} = 493{,}8\ \mu\mu$. Mit Wasserstoffsuperoxyd entsteht in der Hitze ein Violett, das mit Ammoniak nach braunrot umschlägt $\lambda_{NH_3} = 484{,}0\ \mu\mu$.

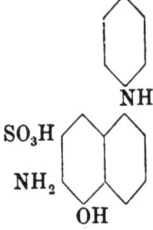

6-Amino-1-phenyl-M-säure: Mikrokristallin, schwer löslich. Die Lösung in Ammoniak wird auf Filterpapier grüngelb bis lila, Salzsäure erzeugt einen grünblauen Fleck. Die Lösung in Natriumacetat wird an der Luft violett, das Spektrum ist aber trübe. Mit Oxydationsmitteln wie Eisenchlorid entsteht Blau mit Grün als Zwischenstufe.

---

[1] Siehe auch Forster u. Hanson, Journ. of the Soc. of Dyers a. Col. 1926, 272.

Di- und Triaminonaphtholsulfosäuren. 79

6-Amino-1-benzoyl-M-säure: Mikrokristallin, schwer löslich. Die alkalische Lösung fluoresziert nicht und ist grüngelb. Durch Verseifen entsteht die 6-Amino-M-Säure. Die Lösung in konzentrierter Salpetersäure ist tiefrot.

6-Amino-1-acetyl-M-säure: Heiß leicht löslich, fällt in der Kälte wieder aus. Die Lösung in Alkali ist grüngelb. Mit Oxydationsmitteln entsteht ein dunkles Olive. Die Säure wird am besten durch Verseifen und Charakterisieren der entstehenden Produkte identifiziert.

1,2-Diamino-8-naphthol-4-sulfosäure (2-Amino-S-säure): Leicht löslich. Die Lösung in Ammoniak wird auf Filterpapier allmählich schwarzviolett, Salzsäure erzeugt einen hellblauen Fleck, mit gelbem Rand. Die Lösung in Natriumacetat wird auf Filterpapier sehr langsam violett. Das Phenanthrazin ist kräftig gelb, färbt Wolle säure- und alkaliecht. Die Lösung in Schwefelsäure ist blau $\lambda_{H_2SO_4} = 664\ \mu\mu$. Mit salpetriger Säure entsteht kein Azimid.

1,7-Diamino-8-naphthol-4-sulfosäure (7-Amino-S-säure): Leicht löslich. Die Lösung in Ammoniak wird auf Filterpapier rotorange, Salzsäure erzeugt einen ultramarinblauen Fleck. Die Lösung in Na-Acetat wird auf Filterpapier blaugrün, der Rand violett. Mit Salzsäure entsteht ein intensiv blauer Fleck. Spektrum der oxydierten Lösung $\lambda = 535,\ 491\ \mu\mu$.

1,2,7-Triamino-8-naphthol-4-sulfosäure (Diamino-S-säure): Schwer löslich. Die Lösung in Ammoniak wird auf Filterpapier rasch violett, mit Salzsäure entsteht ein grünblauer Fleck. Die Lösung in Na-acetat wird auf Filterpapier schmutzigblau mit reinblauem Rand, mit Salzsäure entsteht ein heller violetter Fleck. Die Lösung in Salpetersäure ist zuerst grünblau und geht langsam über blaugrün nach grün und gelb.

7-Amino-1-phenyl-S-säure: Leicht löslich, verharzt langsam. Die Lösung in Na-acetat färbt sich an der Luft violett. Spektrum der oxydierten Lösung $\lambda = 540\ \mu\mu$.

7-Amino-1-benzoyl-S-säure: Ziemlich schwerlöslich, gelb. Verseifung durch 5 stündiges Kochen mit 10%iger Schwefelsäure, Nachweis von 7-Amino-S-säure und Benzoesäure.

1,2-Diamino-5-naphthol-7-sulfosäure (1-Amino-J-säure): Schwer löslich. Die Lösung in Ammoniak wird auf Filterpapier rosa bis braun, Salzsäure erzeugt einen lila Fleck mit gelbem Rand. Das Phenanthrazin ist gelb und wird mit verdünnter Salzsäure rot. Die Lösung in konzentrierter Schwefelsäure ist grünblau. $\lambda_{H_2SO_4} = 496{,}2,\ 458{,}5\ \mu\mu$. Mit verdünntem Ferrichlorid entsteht ein gelbstichiges Grün

$$\lambda = 499{,}5,\ 454{,}9\ \mu\mu.$$

2,6-Diamino-5-naphthol-7-sulfosäure (6-Amino-J-säure): Schwer löslich mit schwach blauer Fluoreszenz. Die ammoniakalische Lösung fluoresziert grün und wird auf Filterpapier hellgrün bis braun, Salzsäure erzeugt einen oliven Fleck mit schwarzem Rand. Verdünntes Ferrichlorid ergibt ein Blaurot mit dem Spektrum $\lambda = 494{,}9\ \mu\mu$. Wasserstoffsuperoxyd gibt in der Hitze ein Rot bis Braunrot, welches mit Alkali versetzt in Blau mit intensiv roter Fluoreszenz bis ganz in Rot übergeht, $\lambda = 595{,}3\ \mu\mu$ geht über in $\lambda = 480{,}8\ \mu\mu$. Die Lösung in Na-acetat wird rot.

1,2,6-Triamino-5-naphthol-7-sulfosäure (1,6-Diamino-J-säure): Ziemlich schwer löslich, sehr reaktionsfähig. Die ammoniakalische Lösung fluoresziert sehr stark grün, auf Filterpapier wird sie rot, mit Salzsäure getupft entsteht ein tiefblauer Fleck. Mit starker Lauge entsteht beim Kochen ein intensives Blau $\lambda_{NaOH} = 592{,}4\ \mu\mu$. Mit Ferrichlorid sofort intensive Blaufärbung $\lambda = 675{,}3\ \mu\mu$, welche beim Stehen an der Luft übergeht in Schmutzigviolett. Mit Wasserstoffsuperoxyd in der Hitze Dunkelviolett $\lambda = 608{,}2$ $\mu\mu$, und mit p-Nitrosodimethylanilin ein Blau $\lambda = 677{,}4$, $627{,}4$ $\mu\mu$.

6-Amino-2-phenyl-J-säure: Ziemlich schwer löslich mit schwach grüner Fluoreszenz und roter Farbe. Die Lösung in Ammoniak ist auf Filterpapier kirschrot bis braunrot, Salzsäure erzeugt einen blauen Fleck. Oxydationsmittel ergeben ein Violett $\lambda = 568{,}1$, (500) $\mu\mu$. Natronlauge gibt in der Kälte auch ein Violett $\lambda = 494{,}6$ $\mu\mu$.

6-Amino-2-benzoyl-J-säure: Hellgelbes Pulver, schwer löslich. Die alkalische Lösung ist gelb mit grünem Stich, ändert sich nicht an der Luft. Salpetrige Säure wirkt oxydierend. Charakterisierung durch Verseifen mit 10%iger, kochender Schwefelsäure.

6-Amino-2-acetyl-J-säure: In der Kälte ziemlich schwer, in der Hitze leicht löslich, ohne Fluoreszenz. Sie wird bei der sauren Reduktion nicht verseift, wohl aber durch Kochen mit Schwefelsäure. Mit konzentrierter Salpetersäure entsteht das Naphthochinon.

1,2-Diamino-8-naphthol-6-sulfosäure (1-Amino-γ-säure): In kaltem Wasser schwer, in heißem etwas löslich ohne Fluoreszenz. Die Lösung in Ammoniak ist auf Filterpapier rot bis violett, mit Salzsäure entsteht ein gelber Fleck mit rotem Rand. Die Lösung in Na-acetat wird an der Luft rot mit dem Spektrum $\lambda = 495{,}4$ $\mu\mu$. Mit verdünntem Ferrichlorid ebenfalls rot $\lambda = 565{,}1$, $524{,}8$, $490{,}3$ $\mu\mu$. Das Phenanthrazin ist gelb, dessen Lösung in Schwefelsäure blau $\lambda_{H_2SO_4} = 613{,}8$ $\mu\mu$.

2,7-Diamino-8-naphthol-6-sulfosäure (7-Amino-γ-säure): Schwer löslich. Die Lösung in Ammoniak wird auf Filterpapier rot bis braun mit grünem Stich. Salzsäure erzeugt einen grünen Fleck mit blauem Rand. Eisenchlorid bewirkt Blaufärbung $\lambda = 558$, 550, $494{,}1$ $\mu\mu$. Die Lösung in Na-acetat wird an der Luft violett $\lambda = 496$ $\mu\mu$ (verschwommen). Mit Wasserstoffsuperoxyd entsteht in der Hitze eine tiefviolette Färbung.

7-Amino-2-phenyl-γ-säure: Ziemlich schwer lösliches, an der Luft allmählich dunkelgrün werdendes Pulver, gibt mit allen Oxydationsmitteln ein charakteristisches reines Blau, das nach längerem Stehen ausflockt. Die Lösung in Ammoniak wird auf Filterpapier violett mit grünem Rand, Salzsäure erzeugt einen blaugrünen Fleck. Die Lösung in konzentrierter Salpetersäure ist zuerst tiefviolett und geht dann in rotbraun über.

7-Amino-2-benzoyl-γ-säure: Schwer löslich, wenig reaktionsfähig, geht durch Verseifen mit Schwefelsäure in 7-Amino-γ-säure über. Die Lösung in Alkalien ist grünstichig gelb und oxydiert sich nicht an der Luft. Die Säure läßt sich nicht diazotieren.

7-Amino-2-acetyl-γ-säure: Die Acetylgruppe wird bei der sauren Reduktion abgespalten. In Wasser ziemlich leicht löslich, keine charakteristischen Reaktionen. Charakterisierung durch Verseifung.

1,7-Diamino-8-naphthol-2,4-disulfosäure (7-Amino-SS-säure): Leicht löslich. Die Lösung in Ammoniak wird auf Filterpapier gelborange, mit Salzsäure entsteht ein blauer Fleck, der lila wird mit rotem Rand. Die Lösung in Na-acetat wird auf Filterpapier braunrot mit rotem Rand. Spektrum der oxydierten Lösung $\lambda = 533$, 491 $\mu\mu$, Lösung rot.

7-Amino-1-benzoyl-SS-säure: Leicht löslich, gelb. Verseifung durch 5 stündiges Kochen mit 10%iger Schwefelsäure und Nachweis der Verseifungsprodukte.

1,2-Diamino-8-naphthol-3,6-disulfosäure (2-Amino-H-säure): Schwer löslich. Die Lösung in Ammoniak wird auf Filterpapier rot, Salzsäure erzeugt einen gelben Fleck mit violettem Rand. Die Lösung in Na-acetat wird auf Filterpapier allmählich violett. Das Phenanthrazin ist kräftig gelb, färbt Wolle säure- und alkaliecht. Seine Lösung in konzentrierter Schwefelsäure ist blau $\lambda_{H_2SO_4} = 607\ \mu\mu$. Das Azimid ist ein braunes Pulver. Diazobenzol kuppelt damit in sodaalkalischer Lösung zu einem roten Farbstoff $\lambda_{H_2O} = 544{,}4,\ 506{,}6\ \mu\mu$.

1,7-Diamino-8-naphthol-3,6-disulfosäure (7-Amino-H-säure): Leicht löslich. Die ammoniakalische Lösung wird auf Filterpapier braunoliv, dann rot. Salzsäure erzeugt einen hellblauen Fleck mit violettem, später fuchsinrotem Rand. Die Lösung in Na-acetat wird auf Filterpapier blaustichig rot. An der Luft oder mit Oxydationsmitteln färben sich die Lösungen rotviolett $\lambda = 528,\ 491\ \mu\mu$.

1,2,7-Triamino-8-naphthol-3,6-disulfosäure (2, 7-Diamino-H-säure): Ziemlich leicht löslich. Die Lösung in Ammoniak wird auf Filterpapier blau mit grünem Rand, Salzsäure erzeugt einen schmutzigvioletten Fleck. Die Lösung in Na-acetat wird auf Filterpapier allmählich dunkelblau. Die Lösung in konzentrierter Salpetersäure wird sofort violett, dann rasch grün mit roter Durchsicht, dann rein grün, nach mehreren Minuten Gelbfärbung.

7-Amino-1-phenyl-H-säure: Leicht löslich, verharzt auf dem Filter. Die Lösung in Na-acetat wird an der Luft violett. Dieselbe Färbung erhält man durch Kochen mit Braunstein, $\lambda = 566\ \mu\mu$.

7-Amino-1-benzoyl-H-säure: Weißes Pulver, schwer löslich. Alkalische Lösung schwach gelbgrün, an der Luft sehr beständig. Mit Ferrichlorid keine Farbänderung. Diazotierung liefert den gelben, schwerlöslichen Diazokörper, der mit β-Naphthol in alkalischer Lösung kuppelt

$\lambda_{H_2O} = 493{,}6\ \mu\mu$.
$\lambda_{H_2SO_4} = 608,\ 578\ \mu\mu$.

Verseifung durch 5 stündiges Kochen mit 10%iger Schwefelsäure.

1,2-Diamino-8-naphthol-4,6-disulfosäure (2-Amino-K-säure): Schwer löslich. Die Lösung in Ammoniak wird auf Filterpapier lila mit violettem Rand, Salzsäure erzeugt einen gelben Fleck mit indigoblauem Rand. Die Lösung in Na-acetat färbt sich auf Filterpapier über grünliche Töne schwarzviolett. Phenanthrazin kräftig gelb, färbt Wolle säure- und alkaliecht, seine Lösung in Schwefelsäure ist blau $\lambda_{H_2SO_4} = 610\ \mu\mu$. Das Azimid ist ein braunes Pulver, Diazobenzol kuppelt damit in alkalischer Lösung zu einem Farbstoff $\lambda_{H_2O} = 539,\ 501\ \mu\mu$.

1, 7-Diamino-8-naphthol-4, 6-disulfosäure (7-Amino-K-säure): Sehr schwer löslich. Die Lösung in Ammoniak wird auf Filterpapier braunorange mit Salzsäure indigoblau, dann lila mit violettem Rand. Die Lösung in Na-acetat wird auf Filterpapier langsam rot. An der Luft oder mit Oxydationsmitteln werden die Lösungen rot $\lambda = 540,\ 490\ \mu\mu$.

1, 2, 7-Triamino-8-naphthol-4, 6 disulfosäure (2,7-Diamino-K-säure): Sehr schwer löslich. Die Lösung in Ammoniak wird auf Filterpapier violett, mit Salzsäure hellgrünblau. Die Säure ist in Na-acetat schwer löslich, auf Filterpapier färbt sich der Auslauf blau. Die Lösung in Salpetersäure ist rot, erst nach mehreren Minuten verblaßt die Farbe nach gelb.

7-Amino-1-phenyl-K-säure: Leicht löslich, fällt zum Teil harzig aus, daneben gelbe Kristalle. Die Lösung ist grünstichig gelb. Die Kristalle verharzen langsam. Die Lösung in Na-acetat ist ziemlich beständig. Durch Kochen mit Braunstein wird die Lösung violett $\lambda = 572\ \mu\mu$.

7-Amino-1-benzoyl-K-säure: Ziemlich schwer löslich, schwach gelb. Die Lösung in Na-acetat ist sehr luftbeständig. Die Lösung der freien Säure gibt mit Eisenchlorid Rotfärbung. Diazotierung liefert schwerlöslichen, zinnoberroten Diazokörper, der mit β-Naphthol zu rotem, unlöslichem Farbstoff kuppelt. $\lambda_{H_2SO_4} = 525,\ 493\ \mu\mu$. Verseifung durch 5stündiges Kochen mit 10%iger Schwefelsäure.

1,2-Diamino-8-naphthol-3,6-disulfosäure: 1-Amino-RR-säure, ist identisch mit der 2-Amino-H-säure.

2,7-Diamino-8-naphthol-3,6-disulfosäure (7-Amino-RR-säure): Ziemlich schwer löslich. Ba-Salz schwer löslich, flache rhombische Blättchen. Die Lösung in Ammoniak wird auf Filterpapier rosa bis blau, Salzsäure erzeugt einen blauen Fleck. Die Lösung in Na-acetat ist rot bis violett $\lambda = 543{,}2\ \mu\mu$ (verschwommen). Mit Ferrichlorid entsteht ein intensives Blau, welches langsam in violett mit grüner Fluoreszenz übergeht $\lambda = 554\ \mu\mu$ (unscharf). Mit Wasserstoffsuperoxyd in der Hitze rot bis violett, mit Ammoniak schlägt es nach blau um $\lambda = 617{,}5\ \mu\mu$ und verblaßt dann nach grün.

7-Amino-2-phenyl-RR-säure: Leicht löslich in der Wärme, fällt beim Erkalten aus. Oxydationsmittel erzeugen ein Violett mit Blau und Grün als Zwischenstufen. Die ammoniakalische Lösung ist auf Filterpapier olive bis braun, Salzsäure erzeugt einen stahlblauen Fleck.

7-Amino-2-benzoyl-RR-säure: Hellgelb, kristallin, in heißem Wasser leicht, in kaltem schwer löslich. Schwer lösliches saures Ba-salz. Die alkalische Lösung auf Filterpapier ist grüngelb bis grün, Salzsäure erzeugt einen lila Fleck. In konzentrierter Salpetersäure violett löslich. Durch Verseifung entsteht die 7-Amino-RR-säure.

7-Amino-2-acetyl-RR-säure: Bei der sauren Reduktion wird die Acetylgruppe abgespalten. Keine charakteristischen Eigenschaften, Bestimmung am besten durch Charakterisierung der Verseifungsprodukte.

6. Abkömmlinge der J-Säure.

2,2'-Di-(6-Amino-5-oxy-7-sulfonaphthyl)-harnstoff (sym. Diamino-J-säure-harnstoff): Fällt aus der sauren Reduktionslösung als schleimiger bräunlicher Niederschlag aus, in kaltem Wasser gar nicht, in heißem wenig löslich. Die Alkalisalze lösen sich gelbbraun ohne Fluoreszenz. Als 2-substituierte 6-Amino-J-säure gegen Oxydationsmittel nicht empfindlich. Undiazotierbar. Läßt sich weder mit Alkali noch mit Säure verseifen. Ber. S-Gehalt 11,98%.

2 - Phenyl - 6 - oxy - 7 - amino - 8 - sulfonaphtho-α, β - thiazol (Phenylthiazol der J-Säure): Gelbes Pulver, unlöslich in kaltem, wenig in heißem Wasser ohne Fluoreszenz. Salze löslich mit gelboliver Farbe. Mit Ferrichlorid, orangebrauner Niederschlag des Eisensalzes. Gegen Oxydationsmittel sehr beständig, undiazotierbar. Ber. S-Gehalt 17,20%

2-(3' - Aminophenyl)-6-oxy-7-amino-8-sulfonaphtho-α,β-thiazol (m-Aminophenylthiazol der J-Säure): Fällt aus der sauren Reduktionslösung als olivegelber gallertiger Niederschlag aus, trocken ein braunes Pulver. Sehr wenig löslich in heißem Wasser, die Alkalisalze gut mit gelbbrauner Farbe ohne Fluoreszenz. Gegen Oxydationsmittel beständig. Diazotierung an der externen Aminogruppe und Kupplung mit R-Salz zu einem gelbroten Farbstoff, der zu Baumwolle nur wenig Affinität hat $\lambda H_2O = 524{,}5$, $492{,}0$, $\mu\mu$, Lösung orange, fluoresziert im Lichte der Uviollampe. $\lambda H_2SO_4 = 538{,}0$, $503{,}0$ $\mu\mu$.

2 - (4' - Aminophenyl) - 6 - oxy-7-amino-8 - sulfonaphtho-α, β-thiazol (p-Aminophenylthiazol der J-Säure): Aussehen und Verhalten gleich wie beim m-Aminophenylderivat. Der Diazokörper kuppelt mit R-Salz zu einem fuchsinroten Farbstoff, der Affinität hat zu Baumwolle, $\lambda_{H_2O} = 550$, 515 $\mu\mu$ (verschwommen), Lösung fuchsinrot, fluoresziert im Lichte der Uviollampe. $\lambda_{H_2SO_4} = 582{,}5$, $547{,}5$ $\mu\mu$.

7. 1-Amino-2-oxy-3-naphthoesäure und deren Arylamide.

1 - Amino - 2 - oxy-3-naphthoesäure: Gelbe Prismen. Zersetzt sich bei 205° ohne zu schmelzen. Leicht löslich in Aceton, Äther und Alkohol, schwer in Benzol und Chloroform. Zerfällt beim Erhitzen mit verdünnter Schwefelsäure in Ammoniak und

1-Amino-2-oxy-3-naphthoesäure und deren Arylamide.

3,4-Dioxy-2-naphthoesäure Smp. 220,5°. Die alkoholische Lösung wird mit wenig verdünntem Ferrichlorid violett. Diazotierung indirekt. Der goldgelbe Diazokörper kuppelt mit Resorcin in alkalischer Lösung beim Erwärmen zu einem violettroten Farbstoff

λ_{H_2O} = 542, (453) $\mu\mu$,
$\lambda_{C_2H_5OH}$ = 484, (453) $\mu\mu$,
$\lambda_{H_2SO_4}$ = 579,5, 541 $\mu\mu$, Lösung fuchsinrot.

1-Amino-2-oxy-3-naphthoesäureanilid (1-Aminonaphthol AS): Smp. 180—181°, feine gelbe Nadeln, löslich in Alkohol und Essigsäure, wenig in Äther. Sehr gut löslich in Alkali oder Ammoniak; in Soda erst in der Wärme etwas löslich. Oxydation mit Chromsäure führt zum 1, 2-Chinon Smp. 204—205°. Indirekte Diazotierung gibt einen orangebraunen Diazokörper. Derselbe kuppelt mit Resorcin in alkoholisch-natronalkalischer Lösung zu einem violettroten Farbstoff

λ_{H_2O} = 565, 538 $\mu\mu$,
$\lambda_{C_2H_5OH}$ = 584, 542,5, 517 $\mu\mu$,
$\lambda_{H_2SO_4}$ = 590,5 556 $\mu\mu$, Lösung blaurot.

1-Amino-2-oxy-3-naphthoesäure-o-toluidid (1-Aminonaphthol ASD): Smp. 153°, Gräulich-weiß (aus Eisessig). In Alkohol und Eisessig mit gelber Farbe gut löslich. Diazokörper orange, kuppelt mit Resorcin in alkoholisch-natronalkalischer Lösung

λ_{H_2O} = (555), 535 $\mu\mu$,
$\lambda_{C_2H_5OH}$ = 584,5, 544, 517 $\mu\mu$,
$\lambda_{H_2SO_4}$ = 596, 559 $\mu\mu$. Lösung rotviolett.

1-Amino-2-oxy-3-naphthoesäure-5′-chlor-2′-toluidid (1-Aminonaphthol ASTR): Smp. 176°, Bräunlichweiß. Eigenschaften wie beim Anilid. Diazokörper orange, kuppelt mit Resorcin in alkoholisch-natronalkalischer Lösung

λ_{H_2O} = 571, 584,5 $\mu\mu$,
$\lambda_{C_2H_5OH}$ = 585,5, 547 $\mu\mu$,
$\lambda_{H_2SO_4}$ = 595,5, 557 $\mu\mu$, Lösung blaurot.

1-Amino-2-oxy-3-naphthoesäure-4′-anisidid (1-Aminonaphthol ASRL): Smp. 156° Orangegelb aus Alkohol. Löslichkeiten und Verhalten wie beim Anilid. Diazokörper orangebraun, kuppelt mit Resorcin in alkoholisch-natronalkalischer Lösung

λ_{H_2O} = 555, 519,5 $\mu\mu$,
$\lambda_{C_2H_5OH}$ = 584,5, 543 $\mu\mu$,
$\lambda_{H_2SO_4}$ = 593,5, 553 $\mu\mu$, Lösung blaurot.

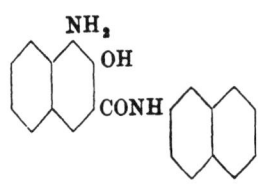

1-Amino-2-oxy-3-naphthoesäure-α-naphthalid (1-Aminonaphthol ASBO): Smp. 198°, intensiv kanariengelb (aus Alkohol) Eigenschaften und Verhalten wie beim Anilid. Diazokörper rotbraun, kuppelt mit Resorcin in alkoholisch-natronalkalischer Lösung

λ_{H_2O} = 553, 526 $\mu\mu$,
$\lambda_{C_2H_5OH}$ = 586,5, 549 $\mu\mu$,
$\lambda_{H_2SO_4}$ = 594,5, 557,5 $\mu\mu$, Lösung rötlich violett.

1-Amino-2-oxy-3-naphthoesäure-β-naphthalid (1-Aminonaphthol ASSW): Smp. 180°, schwach gelb. Eigenschaften und Verhalten wie beim Anilid. Diazokörper orangebraun, kuppelt mit Resorcin in alkoholisch-natronalkalischer Lösung

λ_{H_2O} = 562, 528 $\mu\mu$,
$\lambda_{C_2H_5OH}$ = 586, 547 $\mu\mu$,
$\lambda_{H_2SO_4}$ = 594, 558 $\mu\mu$, Lösung rötlich violett.

1-Amino-2-oxy-3-naphthoesäure-3'-aminophenylamid (aus Naphthol ASBS): Smp. 165°. Gelbe Kristalle aus Benzol. Wird nur aus nicht wässerigen Lösungsmitteln ganz rein erhalten. Etwas löslich in heißer verdünnter Salzsäure. Mit salpetriger Säure entsteht ein rotoranger Niederschlag, der nicht kuppelt mit Resorcin.

8. Aminopyrazolone.

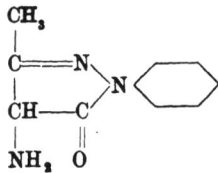

4-Amino-1-phenyl-3-methyl-5-pyrazolon: Leicht lösliches Chlorhydrat. Salpetrige Säure oxydiert zu Rubazonsäure, aus Eisessig rote Nadeln vom Smp. 181°. Die Rubazonsäure löst sich in Alkali violett $\lambda = 540 \mu\mu$.

Die Pyrazine.

4-Amino-1-(4')-sulfophenyl-3-methyl-5-pyrazolon: $C_{10}H_{11}O_4N_3S$. Ber. S-Gehalt 11,90%. Schwer löslich. Die wässerige Lösung wird bei Zusatz von Natriumnitrit violett $\lambda = 541$ $\mu\mu$.

4-Amino-1(2'-chlor-5'-sulfo)phenyl-3-methyl-5-pyrazolon: $C_{10}H_{10}O_4N_3SCl$. Ber. S-Gehalt 10,56%. Zur Gewinnung muß die Reaktionslösung zur Trockene verdampft werden. Die isolierte Säure ist schwer löslich. Mit Natriumnitrit entsteht die violette Lösung der Sulforubazonsäure $\lambda = 543$ $\mu\mu$.

4-Amino-1-(2',5'-dichlor-4'-sulfo)phenyl-3-methyl-5-pyrazolon: $C_{10}H_9O_4N_3SCl_2$. Ber. S-Gehalt 9,47%. Zur Gewinnung muß die Reduktionslösung zur Trockene verdampft werden. Die isolierte Säure ist schwer löslich. Mit Natriumnitrit entsteht die violette Lösung der Sulforubazonsäure $\lambda = 541$ $\mu\mu$.

4-Amino-1-(4')-sulfophenyl-5-pyrazolon-3-carbonsäure: $C_{10}H_9O_6N_3S$. Ber. S-Gehalt 10,70%. Schwer löslich, gelbe Blättchen. Mit Natriumnitrit entsteht die violette Lösung der Sulforubazoncarbonsäure $\lambda = 572, 555$ $\mu\mu$.

9. Die Pyrazine.

Sie haben die allgemeine Formel

$$\begin{array}{c} CH-CONHR \\ CH_3-CN \\ \|\| \\ NC-CH_3 \\ RHNOC-CH \end{array} \qquad R = Aryl$$

Es sind weiße Körper, die aus Eisessig umkristallisiert werden können. Durch Erhitzen während 4 Stunden auf 180° gehen sie in andere, schwach gelbe Verbindungen mit gleicher elementarer Zusammensetzung über. Mit Quecksilberchlorid in Eisessiglösung entstehen schwerlösliche Doppelsalze.

Eigenschaften der Spaltprodukte.

Schmelzpunkte:

2,5-Dimethylpyrazin-dihydrodicarbonsäure-

	Smp. vor dem Erhitzen,	nach dem Erhitzen.
— — — — anilid	218°	218°
— — — — 2-toluidid	236—37°	270°
— — — — 4-toluidid	227°	270°
— — — — 1, 3, 4-xylidid	190°	256°
— — — — 2-anisidid	231°	256°
— — — — 2-chloranilid	195°	251°
— — — — 2,5-dichloranilid	215°	258°

Das m-Xylidid und das 2,5-Dichloranilid gehen schon beim Umkristallisieren aus Eisessig in die höher schmelzende Stufe über.

C. Spektroskopischer Nachweis von Diazokomponenten.

Die Zahlen bedeuten die Wellenlängen der Absorptionslinien, gemessen in $\mu\mu$.

1. 2-Naphthol-3,6-disulfosäure-Farbstoffe.

Diazokomponente	Wasser	Äthylalkohol	Konz. Schwefelsäure
Anilin	521 , 490	516 , 489	526 , 496
2-Toluidin	530 , 493	522,5, 491	536 , 502,5
3-Toluidin	525 , 492	519 , 489	534,5, 501
4-Toluidin	531,5, 496	525 , 495	540 , 505
1, 3, 4-Xylidin	538 , 501	530,5, 500	546 , 513,5
1, 4, 2-Xylidin	535 , 499,5	527,5, 495	549 , 516
1, 2, 4, 5-Cumidin	544,5, 506	537,5, 501,5	558 , 524
2-Aminophenol	541 , 504	543 , 502,5	ca. 565 ?, 535 sehr unscharf Lös. tiefrot
2-Anisidin	543 , 510	535 , 500	572,5, 537,5
2-Phenetidin	542 , 511	536 , 501	573 , 540
4-Aminophenol	547 , 509	549,5, 514	546 , 512
4-Anisidin	544 , 508	540 , 508	553 , 521
4-Phenetidin	543 , 509	542 , 507	553 , 519
2-Amino-4-chlorphenol	542,5, 508	543 , 506	583 , 555
4-Chlor-2-anisidin	543 , 511,5	535 , 500	ca. 590, 563 sehr unscharf Lös. tiefrot
3-Amino-4-kresolmethyläther (Kresidin)	550 , 515	544,5, 507	ca. 560, sehr verschwommen
2-Chloranilin	524 , 490	516 , 486	544 , 510
3-Chloranilin	517 , 486	509 , 485	537 , 504,5
4-Chloranilin	526 , 491	519 , 489	546 , 514,5
2, 4-Dichloranilin	520 , 488,5	514 , 486,5	555,5, 523
2, 5-Dichloranilin	528 , 493,5	516 , 487	558 , 523
4-Chlor-2-toluidin	518 , 490	522 , 489	550 , 518,5
5-Chlor-2-toluidin	536 , 499	526 , 492,5	553 , 520,5
6-Chlor-2-toluidin	525,5, 493	520,5, 489	540 , 509,5
2-Aminobenzoesäure	520 , 491	513 , 485	541,5, 510
3-Aminobenzoesäure	519 , 487	513 , 485	530 , 496
4-Aminobenzoesäure	524,5, 491	525 , 492	544 , 512,5
4-Aminophenol-2-carbonsäure	543 , 506		538 , 502
5-Amino-2-kresol-3-carbonsäure	548 , 514	562,5 (529) 474	545,5, 511,5
3-Aminoanilin	527 , 496		530,5, 498
3-Aminophenyloxaminsäure	521 , 488,5		534,5, 500,5

Eigenschaften der Spaltprodukte.

Diazokomponente	Wasser	Äthylalkohol	Konz. Schwefelsäure
4-Aminoanilin	ca. 527, 487 verschwommen		524 , 493
4-Aminoacetanilid	531 , 498,5	543 , 511,5	543 , 511
4-Aminophenyloxaminsäure	539 , 501 verschwommen		551 , 517,5
4-Aminodimethylanilin	sehr verschw. ca. 530—485 Lös. violettrot	509 , 479	526 , 495
4-Aminodiphenylamin	sehr verschw. ca. 535—495 Lös. violettrot	511 , 486	527,5, 497
4-Amino-2-chlorphenyloxaminsäure	522 , 490 verschwommen		560,5(531)492,5 verschwommen
Benzidin	570 , 524 verschwommen		635 , 589 Lös. blau
3, 3'-Tolidin	555 , 519	539,5, 504,5	570 , 541 Lös. fuchsinrot
2, 2'-Tolidin	541 , 500,5		558 , 521 Lös. rot
3-Äthoxybenzidin	unscharfes Band ca. 560	573 , 548 sehr unscharf	645 , 598 grünstichig blau
3, 3'-Dianisidin	608 , 580 verschwommen		659,5 Lös. reinblau
3, 3'-Dichlorbenzidin	552 , 512,5		636 , 588,5 Lös. blau
2, 2'-Benzidinsulfon	578 , 547		626,5, 582,5, 544 Lös. violettrot
4, 4'-Diaminodiphenylamin	635 , 586		661 , 608
4, 4'-Diaminodiphenylmethan	538,5, 498		552, 516, 486,5 Lös. rot
4, 4'-Diamino-3, 3'-ditolylmethan	548 , 500,5		554,5, 520,5, 492
4, 4'-Diamino-3, 6, 3', 6'-dixylylmethan	568 , 524		555, 517,5, 488
4, 4'-Diaminodiphenylharnstoff	558 , 530 unscharf		560, 531, 498
Thioanilin	537 , 502		690, 640, unscharf, Lös. blau
1-Naphthylamin	Breit. Band ca. 520	Breit. Band ca. 522	640 , 594 Lös. blau
2-Naphthylamin	543 , 498	535 , 500	ca. 580, 555 Lös. violett

2. β-Naphthol-Farbstoffe.

Diazokomponente	Wasser	Äthylalkohol	Konz. Schwefelsäure
2-Anilinsulfosäure ...	505,5, 483,5 verschwommen	502,5, 480,5 verschwommen	567,5, 535,5
3-Anilinsulfosäure ...	505,5, 486 verschwommen	509 , 481 verschwommen	556 , 526
4-Anilinsulfosäure ..	511,5, 488,5	513,5, 487,5	563,5, 533 [1]
Anilin-2, 4-disulfosäure .	507,5, 483	505 , 479,5	560 , 528,5
Anilin-2, 5-disulfosäure .	509,5, 478	502 , 479,5	562 , 538
2-Toluidin-5-sulfosäure..	521,5, 488	522,5, 490,5	573,5, 539
4-Toluidin-2-sulfosäure..	516 , 489,5	519,5, 488	562 , 532,5
4-Toluidin-3, 5-disulfosäure	ca. 508, 490 verschwommen	520 , 488	569,5, 539,5
1, 3, 4-Xylidin-5-sulfosäure	529 , 489	527,5, 493	575 , 539,5
1, 3, 4-Xylidin-6-sulfosäure	531 , 492	529 , 494	573,5, 540,5
2-Toluidin-4-sulfosäure..	519,5, 488,5	518,5, 489,5	568 , 535,5
2-Aminophenol-4-sulfosäure	530,5, 500,5	536 , 502	575 , 540,5
2-Aminophenol-4, 6-disulfosäure	528 , 498,5	527 , 495	579,5, 547
3-Amino-2-kresol-5-sulfosäure	530 , 496	535,5, 497,5	576,5, 545
3-Amino-4-kresol-5-sulfosäure	539 , 498	538 , 505,5	583 , 547
4-Chloranilin-3-sulfosäure	514 , 489	514 , 487	566 , 535
2-Chloranilin-5-sulfosäure	513 , 487	511 , 486	574,5, 542
4-Anisidin-2-sulfosäure .	534 , 495	537, Auslösch. bei 470	576 , 539,5
3-Aminoacetanilid-4-sulfosäure	505 , 482,5	507 , 484	570 , 536
4-Aminoacetanilid-3-sulfosäure	ca. 535, 490 verschwommen	531 , 495	581 , 546
Benzidin-3-sulfosäure (Affinität zu Baumwolle)	Sehr schwer lösl. 2 verschw. Banden, 525 495	2 verschw. Banden ca. 530 , 500	632 , 593
Benzidin-3, 3'-disulfosäure (Affinität zu Baumwolle)	Schwer löslich ca. 532, 500 verschwommen	schwache verschwommene Banden ca. 535, 500	632 , 589
Benzidin-2, 2'-disulfosäure (keine Affinität zu Baumwolle)	533 , 494	522,5, 490	577 , 538

[1] Unter Anwendung des Vierordtschen Doppelspaltes ist es leicht möglich, die Farbstoffe aus den isomeren Anilinsulfosäuren auseinanderzuhalten.

Eigenschaften der Spaltprodukte.

Diazokomponente	Wasser	Äthylalkohol	Konz. Schwefelsäure
Diaminostilbendisulfosäure (Affinität zu Baumwolle)	sehr schwach ca. 550, Lös. violettblau	524	622 , 576
1-Naphthylamin-4-sulfosäure	500		629 , 587,5
1-Naphthylamin-5-sulfosäure	499		608,5, 568
1-Naphthylamin-6-sulfosäure	499		607,5, 568,5
1-Naphthylamin-7-sulfosäure	500		572
1-Naphthylamin-3, 6-disulfosäure	498,5		604,5, 568
1-Naphthylamin-3, 8-disulfosäure	492		578,5, 542
1-Naphthylamin-4, 7-disulfosäure	498,5		617 , 575
1-Naphthylamin-4, 8-disulfosäure	491		ca. 540
2-Naphthylamin-1-sulfosäure	505,5		589,5, 552,5
2-Naphthylamin-6-sulfosäure	494		579,5, 543,5
2-Naphthylamin-7-sulfosäure	492		581,5, 544,5
2-Naphthylamin-8-sulfosäure	494,5		581 , 544,5
2-Naphthylamin-3, 6-disulfosäure	493,5		
2-Naphthylamin-4, 7-disulfosäure	490,5		582 , 542,5
2-Naphthylamin-4, 8-disulfosäure	492		581,5, 544,5
2-Naphthylamin-5, 7-disulfosäure	490,5		576 , 542
2-Naphthylamin-6, 8-disulfosäure	494,5		583,5, 546

3. β-Naphthol-Farbstoffe, geordnet nach steigenden Smp.

(F. M. Rowe und C. Levin, Journ. of the Soc. of Dyers a. Colourists 1924, 218.)

Herr Dr. Rowe hat in zuvorkommender Weise die Farbstoffe zur Aufnahme der Absorptionsspektren zur Verfügung gestellt, wofür ihm bestens gedankt sei. Die Farbstoffe werden zur Reinigung aus Toluol (T), Eisessig (E) oder Nitrobenzol (N) umkristallisiert. Die Wellenlängenangaben verstehen sich in $\mu\mu$.

Amin	Kristallform	aus	Smp.	Lösung in konz. Schwefelsäure	Niederschlag nach verd. dieser Lös. mit Wasser
2-Toluidin	rote Nadeln	E	128°	weinrot 568, 528	gelblich-rot
4-Toluidin	orangerote Nadeln	E	130°	weinrot 562, 527	orange-rot
Anilin	rote Nadeln	E	131·0	rot 555, 519	orange
4-Anisidin	glänzende rote Blättchen	E	139°	rot 569, 532,5	rot
4-Phenetidin	rote Nadeln	T	140°	rot 569, 534	orange-rot
3-Toluidin	glänzende rote Nadeln	T	140°	weinrot 558, 523,5	orange
2-Phenetidin	leuchtendrotes Kristallpulver	E	145°	weinrot 578,5, 541,5	leuchtend rot
3,5-Dichlor-2-toluidin	matte orangerote Nadeln	T	153°	weinrot	orange
1,4,2-Xylidin	dünne lange rote Nadeln	T	156°	weinrot 564, 530	orange-rot
4-Chloranilin	rote Nadeln	T	160°	weinrot 568, 532	rot
2-Nitro-4-toluidin	orange Nadeln	E	162°	rot 562, 529	gelblich-rot
1,3,4-Xylidin	Büschel von roten Nadeln	T	166°	weinrot 570,5, 537	hellrot
2-Chloranilin	orange Blättchen	T	167°	weinrot 569,5, 533	gelblich-orange
3-Nitro-2-toluidin	glänzende rote Würfel	T	168°	weinrot 570,5, 540	rot
3-Nitro-4-phenetidin	kleine rote Blätter	T	169°	weinrot 579, 542,5	rot
5-Chlor-2-toluidin	feine rote Nadeln	T	172°	fuchsinrot 576, 540	rot
2-Naphthylamin	dunkelrotes Kristallpulver	E	174°	weinrot 581,5, 547,5	rot
3-Amino-4-kresolmethyläther	dunkelr. prism. Nadeln m. grün. Glanz	T	174°	tief purpur 594, 554	orange-rot
3-Amino-4-kresolbenzyläther	rote Nadeln mit gelbem Reflex	T	174°	rosarot 574, 543	orange-rot
2-Chlor-4-toluidin	glänzende rote Blättchen	T	178°	weinrot 577, 539,5	orange-rot
3-Chlor-4-toluidin	glänzende rote Nadeln	T	179°	weinrot 575,5, 539,5	rot

Eigenschaften der Spaltprodukte

Amin	Kristallform	aus	Smp.	Lösung in konz. Schwefelsäure	Niederschlag nach verd. dieser Lösung mit Wasser
2-Anisidin	rotes Kristallpulver, bronzierend	E	180°	fuchsinrot 578, 540	rot
4-Chlor-2-phenetidin	Büschel von langen rot.federig.Nadeln	T	183°	fuchsinrot 579, 539,5	rot
2,5-Dichloranilin	orangerote Nadeln	E	183°	weinrot 576,5, 539	orange
o-Aminoazotoluol	kleine bronze Nadeln mit grünem Reflex	T	188°	bläulichgrün 659,5, 608	rot
3-Nitranilin	rote prismatische Nadeln m. grün. Glanz	E	194°	weinrot 559,526	gelblichrot
4-Chlor-3-nitranilin	karmoisinrote Nadeln	T	199°	weinrot 568,534	rot
Aminoazobenzol	Büschel von rötlichbraunen Nadeln	T	202°	grünlichblau 640, 590,5	tiefblau rot
4-Chlor-2-anisidin	dunkelrote prismatische Nadeln mit grünem Reflex	T	203°	rötlichviolett 594, 558	orangerot
4-Nitro-2-toluidin	lange rötlichbraune Nadeln	E	206°	fuchsinrot 570,5, 537,5	rot
5-Nitro-1, 3, 4-xylidin	ziegelrote Nadeln m. grün. Reflex	T	208°	rot 588, 547	dunkelrot
5-Nitro-2-aminobenzoesäure	braunes Pulver	T	210°	grünlichblau 580 ?	bläulichbraun
3-Chlor-4-nitranilin	glänz. rote Nadeln	T	212°	weinrot 576, 540	rot
2-Nitranilin	orangerote Nadeln	E	212°	purpurrot 587, 555	orangerot
Dehydrothio-p-toluidin			214°	violett	
6-Nitro-2-toluidin	glänzende rote Nadeln	E	215°	magentarot 564,5, 534,5	rot
3'-Nitro-4-aminoazobenzol	kleine orange Nadeln mit metallischem Glanz	T	218°	blau 577, 541,5	blauviolett
3-Nitro-6-chloranilin	dunkle Kristallklumpen mit grünem Reflex	E	219°	weinrot 575, 543 verschwommen	orangerot
5-Chlor-2-anisidin	glänzende dunkelrote prismatische Nadeln	T	222°	bläulichrot 589, 549	rot
6-Nitro-1, 3, 4-xylidin	feine rote Nadeln	T	223°	weinrot 577,5, 541	orange
1-Naphthylamin	bronze Blätter mit grünem Reflex	T	224°	tiefblau 629, 590	rötlichbraun
5-Nitro-1, 4, 2-xylidin	feine rote Nadeln	T	231°	weinrot 587,5, 551	orange

Naphthol AS-Farbstoffe.

Amin	Kristallform	aus	Smp.	Lösung in konz. Schwefelsäure	Niederschlag nach verd. dieser Lösung mit Wasser
5-Nitro-4-chlor-2-phenetidin	rote Nadeln	T	236°	violettrot 588, 551,5	orange
2-Nitro-5-chloranilin	rote Nadeln	E	243°	rötlichviolett	rot
5-Nitro-2-toluidin	rote Nadeln mit metall. Glanz	T	248°	weinrot 587,5, 551	orangerot
2-Nitro-1-naphthylamin	bronze kristall. Pulver	T	250°	tiefblau keine Abs. banden	bläulichrot
4-Nitranilin	rotbraune Nadeln	E	250°	violettrot 576,5, 542,5	rötlichbraun
4-Nitro-2-anisidin	glänzende rote Blättchen	T	252°	fuchsinrot 582, 544,5	orangerot
4-Chlor-2-nitranilin	feine rote Nadeln	E	252°	purpur 598,5, 563	orangerot
4-Nitro-1-naphthylamin	feine ziegelrote Nadeln	T	258°	violett, keine Abs. banden	rötlichbraun
4-Aminoacetanilid	Rosetten v. rötlichbraunen Nadeln	E	261°	weinrot 568, 534,5	rot
Anthranilsäuremethylester	Rosetten v. kleinen roten Nadeln	E	263°	weinrot 572,5, 540	rot
5-Nitro-2-anisidin	Büschel v. kleinen roten Kristallen m. grünem Reflex	T	274°— 275°	weinrot 605,5, 565	rot
6-Nitro-3-amino-4-kresolmethyläther	rötlich braune Blättchen	T	275°	blau 606, 571 verschwommen	violettrot
Anthranilsäure	rotes kristall. Pulver	E	276°	weinrot 569,5, 538,5	orangerot
3-Nitro-4-toluidin	lange rote Nadeln	E	278°	violett 597, 564	rot
2-Chlor-4-nitranilin	glänzende rote Nadeln	E	282°	purpurrot 588, 552,5	orangerot
o-Tolidin	feine dunkle Nadeln m. grünem Reflex	T	297°	blau 656, 605? verschwommen	bläulichviolett
2,4-Dinitranilin	kleine rote Nadeln	E	302°	tiefviolett 592, 561	gelblichrot
Benzidin	dunkles kristall. Pulver m. grün. Reflex	T	302°	blau 643, 594	blauviolett
5-Nitro-4-chlor-2-anisidin	rötlichbraune Nadeln	T	305°	bläulichrot 602, 567	bräunlichorange
o-Dianisidin	dunkle Blättchen m. grünem Reflex	T	310°	grünlichblau 667, 612 verschwommen	tiefviolett

4. Naphthol AS-Farbstoffe.

2-Toluidin	kleine bronz. glänzende Blättchen	E	220°	weinrot 560,5, 524	hellrot

Eigenschaften der Spaltprodukte.

Amin	Kristallform	aus	Smp.	Lösung in konz. Schwefelsäure	Niederschlag nach verd. dieser Lösung mit Wasser
4-Toluidin	rote Nadeln mit grünem Reflex	E	225°	weinrot 560,5, 526	hellrot
Anilin	kleine rote Nadeln	E	237°	rot 551, 517	rot
4-Anisidin	rote bronzierende Blättchen	E	213°	rötlichblau 578,5, 536	violettrot
4-Phenetidin	dunkelrote Platten mit grünl. Glanz	T	218°	blau 575, 535,5	hellrot
3-Toluidin	dunkelrote Platten	T	221°	weinrot 557,5, 521	hellrot
2-Phenetidin	dunkelrote prismatische Nadeln m. grünem Glanz	T	201°	bläulichrot 599,5, 561	ziegelrot
3,5-Dichlor-2-toluidin	Büschel v. dunkelroten Nadeln	T	248°	verschwommen weinrot	orangerot
1,4,2-Xylidin	feine rote Nadeln	T	268°	tiefrot 568, 530	hellrot
4-Chloranilin	rotes kristall. Pulv.	T	249°	weinrot 566, 530	rot
2-Nitro-4-toluidin	winzige orangerote Nadeln	E	253°	weinrot 566,5, 532	orangerot
1,3,4-Xylidin	karmoisinrote federige Nadeln	T	230°	tiefrot 569, 533	rot
2-Chloranilin	orangerote Nadeln	T	241°	weinrot 568, 530	hellrot
3-Nitro-2-toluidin	Bündel von kleinen roten Nadeln	T	233°	weinrot 572, 540	rot
3-Nitro-4-phenetidin	hellrotes kristall. Pulver	T	215°	fuchsinrot 582,5, 544	orangerot
5-Chlor-2-toluidin	bronzierende rote Nadeln	T	233°	weinrot 575, 538	rot
2-Naphthylamin	rotes Kristallpulver	E	211°	tiefblau 600, 567	rot
3-Amino-4-kresolmethyläther	dunkelrote Nadeln	T	223°	tiefindigoblau 607, 573	rot
3-Amino-4-kresolbenzyläther	rötlichbraune Nadeln m. grünem Reflex	T	262°	rötlichviolett 607, 575	violettrot
2-Chlor-4-toluidin	kleine rote Nadeln m. grünem Reflex	T	217°	fuchsinrot 575, 535,5	orangerot
3-Chlor-4-toluidin	feine orangerote Nadeln mit grünem Reflex	T	213°	bläulichrot 569, 530,5	gelbrot
2-Anisidin	kleine rote Nadeln	T	229°	violett 598, 559	bläulichrot
4-Chlor-2-phenetidin	winzige rote Nadeln	T	227°	fuchsinrot 581, 551	orangerot
2,5-Dichloranilin	glänzende rote Blättchen	E	304°	bläulichrot	rot
o-Aminoazotoluol	bräunlichrotes Kristallpulver	T	245°	bläulichgrün 655,5, 604	violettrot
3-Nitranilin	kleine rote Nadeln	E	271°	rot 558,5, 528	rot

Naphthol AS-Farbstoffe. 99

Amin	Kristallform	aus	Smp.	Lösung in konz. Schwefelsäure	Niederschlag nach verd. dieser Lösung mit Wasser
4-Chlor-3-nitranilin	winzige rötlichbraune Nadeln	T	287°	weinrot 570, 535	orangerot
Aminoazobenzol	ziegelrotes Kristallpulver	T	203°	grün 644, 584,5	rötlichbraun
4-Chlor-2-anisidin	dunkelrote prismatische Nadeln	T	237°	blau 618, 574	bläulichrot
4-Nitro-2-toluidin	rote Nadeln mit grünem Reflex	E	304°	rot 570, 534	gelblichrot
5-Nitro-1, 3, 4-xylidin	kleine rote Nadeln	T	289°	fuchsinrot 578,5, 540	bläulichrot.
5-Nitro-2-aminobenzoesäure	hellrotes Kristallpulver	T	238°	bläulichrot 558, 517	rot
3-Chlor-4-nitranilin	rotes Kristallpulver	T	226°	weinrot 570, 542	rosa
2-Nitranilin	rote Nadeln	E	279°	rot 588, 552,5	rot
6-Nitro-2-toluidin	glänzende orangerote Nadeln	E	265°	fuchsinrot 569, 534	orangerot
3'-Nitro-4-aminoazobenzol	orangerotes Kristallpulver	T	270°	karmoisinrot 559,5, 527	orangerot
6-Chlor-3-nitranilin	dunkelrotes Kristallpulver	E	296°	purpurrot 576, 545,5	rot
5-Chlor-2-anisidin	dunkle karmoisinrote Nadeln mit grünem Schimmer	T	239°	bläulichviolett 600, 567	violettrot
6-Nitro-1, 3, 4-xylidin	hellrotes Kristallpulver	T	258°	weinrot 576, 539	hellrot
1-Naphthylamin	dunkle karmoisinrote Blättchen m. bronze Reflexe	T	270°	blau 645, 600 verschwommen	bläulichrot
5-Nitro-1, 4, 2-xylidin	feine rötlichbraune Nadeln m. grünem Reflex	T	279°	tiefrot 584,549,5 rot 565, 536	bräunlichrot
5-Nitro-4-chlor-2-phenetidin	feine hellrote Nadeln	T	287°	verschwommen	hellrot
5-Chlor-2-nitranilin	kleine glänzende rote Nadeln	E	311°	rötlichviolett 578,5,546 verschwommen	orangerot
5-Nitro-2-toluidin	rotes Kristallpulver	T	268°	fuchsinrot 584, 547	hellrot
2-Nitro-1-naphthylamin	mauve Kristallpulver	T	227°	bläulichrot 580 ? 550 ? sehr schwach	bläulichrot
4-Nitranilin	rotbraune bronzierende Blättchen	N	290°	rot 575,5, 542,5	rot
4-Nitro-2-anisidin	kleine dunkelrote Nadeln m. schwachem, grünem Reflex	T	302°	bläulichviolett 586, 547	hellrot

7*

100 Eigenschaften der Spaltprodukte.

Amin	Kristallform	aus	Smp.	Lösung in konz. Schwefelsäure	Niederschlag nach verd. dieser Lösung mit Wasser
4-Chlor-2-nitranilin	glänzende rote Blättchen	E	304°	rötlichviolett 594, 562	rot
4-Nitro-1-naphthylamin	dunkle Blätter mit grünem Glanz	T	280°	bläulichrot 571, 541 sehr schwach	violettrot
4-Aminoacetanilid	braune Platten mit grünem Reflex	E	282°	weinrot 572, 536	gelblichrot
2-Aminobenzoesäuremethylester	rote Nadeln mit bronze Reflex	E	226°	weinrot 578, 537,5	orangerot
5-Nitro-2-anisidin	rote Nadeln mit grünem Reflex	T	293°	violettblau 608, 571	bläulichrot
6-Nitro-3-amino-4-kresolmethyläther	rote prismatische Nadeln	T	282°	bläulichrot 580, ca. 544	orangerot
2-Aminobenzoesäure	orangerotes Kristallpulver	E	310°	weinrot 572, 539	gelblichrot
3-Nitro-4-toluidin	rötlichbraune Nadeln	E	264°	weinrot 596, 559	rot
2-Chlor-4-nitranilin	orangerote Nadeln	E	313°	purpur 569,5, 539	rot
o-Tolidin	dunkelviolettes Kristallpulver	T	über 320°	blau Beginn. Absorpt. im Rot bei 660, 616 ?	bläulichviolett
2,4-Dinitranilin	kleine bronze Nadeln	E	305°	weinrot 558,5, 528,5	orangerot
Benzidin	dunkelviolettes Kristallpulver	T	über 320°	blau, 657, 605 verschwommen	bläulichviolett
5-Nitro-4-chlor-2-anisidin	rötlichbraune Nadeln mit grünem Glanz	T	300°	bläulichviolett 609, 576	gelblichrot
o-Dianisidin	dunkelviolettes Kristallpulver	T	über 320°	grünlichblau Beginn. Absorpt. im Rot bei 650	bläulichviolett

5. Naphthol ASBS-Farbstoffe.

3,5-Dichlor-2-toluidin	dunkelrotes Kristallpulver	E	261°	fuchsinrot	rot
1-Naphthylamin	ziegelrotes Kristallpulver	N	272°	blau	violett
o-Aminoazotoluol	violettes Kristallpulver	T	277°	bläulichgrün	violett
2-Anisidin	rotes Kristallpulver mit metallischem Glanz	T	287°	violett	bläulichrot
4-Chlor-2-anisidin	kleine rote Nadeln m. grünem Glanz	N	292°	rötlichviolett	tiefrot

Naphthol ASBO-Farbstoffe. 101

Amin	Kristallform	aus	Smp.	Lösung in konz. Schwefelsäure	Niederschlag nach verd. dieser Lösung mit Wasser
3-Nitranilin	hellrotes Kristallpulver	N	296°	weinrot	gelblichrot
2-Nitranilin	rote Blättchen	E	300°	kirschrot	ziegelrot
4-Nitro-2-toluidin	kleine rote Nadeln mit schwachem, gelbem Glanz	N	309°	rot	rot
2,4-Dichloranilin	dunkelrote Blättchen	E	310°	weinrot	ziegelrot
4-Nitranilin	ziegelrotes Kristallpulver	N	315°	bläulichrot	rot
3-Nitro-4-toluidin	rot bronzierende Nadeln	N	317°	rötlichviolett	rot
5-Nitro-2-anisidin	rotes Kristallpulver	T	über 325°	violett	bräunlichrot
Benzidin	dunkelviolettes Kristallpulver	T	über 325°	tiefblau	violett

6. Naphthol ASBO-Farbstoffe.

o-Aminoazotoluol	ziegelrotes Kristallpulver	T	264°	bläulichgrün	hellrot
4-Chlor-2-nitranilin	feine rote bronzierende Nadeln	T	298°	fuchsinrot	hellrot
4-Nitro-2-toluidin	rote Nadeln mit schwach grünem Glanz	T	300°	weinrot	gelblichrot
3-Nitro-4-toluidin	feine ziegelrote Nadeln	T	307°	bläulichviolett	rot
4-Nitro-2-anisidin	kleine rote Nadeln	T	310°	fuchsinrot	scharlach
5-Nitro-2-anisidin	kleine rote, schwache bronzierende Nadeln	T	315°	rot, mit blauer Fluoreszenz	rot
5-Nitro-2-toluidin, gekuppelt mit Naphthol ASRL:	rötlichbraunes Kristallpulver	T	281°	fuchsinrot	hellrot
2-Chloranilin, gekuppelt m. Naphthol ASG:	gelbes Kristallpulver	T	318°	grünlichgelb	gelb

III. Beispiele.

1. Amidonaphtholrot G.

$$\bigcirc -N_2- \underset{SO_3H}{\underset{|}{\bigcirc}}\underset{}{\overset{OH\ NHCOCH_3}{\bigcirc}} SO_3H$$

Verseifung:
Man kocht 20 g des Farbstoffes 5 Stunden lang unter Rückflußkühlung mit 10%iger Salzsäure. Die abgespaltene Essigsäure wird im Apparat von Kutscher-Steudel mit Äther extrahiert. Man trocknet den Ätherextrakt mit entwässertem Natriumsulfat und destilliert den Äther ab. Hierauf destilliert man die Essigsäure; sie wird durch Kochen mit Thionylchlorid auf die übliche Weise in Acetylchlorid übergeführt. Durch Kondensation desselben mit Anilin erhält man Acetanilid Smp. 112°.

Reduktion:
50 g durch Umfällen sorgfältig gereinigter Farbstoff werden mit 150 ccm konz. Salzsäure und 50 g Zinnchlorür aufgekocht, bis Entfärbung eingetreten ist. Darauf wird mit heißem Wasser auf 500 ccm verdünnt und durch Elektrolyse das Zinn abgeschieden. Aus der eingedampften Lösung kristallisiert die 7-Amino-H-säure, die abfiltriert wird. Sie wird in Wasser gelöst und durch Schütteln an der Luft oxydiert. Die Lösung färbt sich violett, ihr Absorptionsspektrum zeigt zwei Streifen, $\lambda = 528, 491$ $\mu\mu$.

Aus dem alkalisch gemachten Rückstand isoliert man das Anilin, das als Acetanilid charakterisiert wird.

2. Erioviolett RL.

$$NO_2\underset{SO_3H}{\bigcirc}-N_2-\underset{OH}{\overset{NH_2}{\bigcirc}} SO_3H$$

50 g des Farbstoffes werden mit 100 ccm Salzsäure und 50 g Zinnchlorür reduziert. Nach dem Verdünnen mit Wasser auf 500 ccm wird der Niederschlag abfiltriert. Er liefert mit Phenanthrenchinon ein gelbes Kondensationsprodukt, das sich in konz. Schwefelsäure mit blauer Farbe löst. Das Spektrum dieser Lösung zeigt einen Streifen bei $\lambda = 611$ $\mu\mu$. Die Säure ist daher sauer gekuppelte γ-Säure.

Aus dem elektrolysierten und eingedampften Filtrat kristallisiert p-Phenylendiaminsulfosäure. Sie wird an der Indaminreaktion erkannt (Blaufärbung der anilinhaltigen Lösung bei Oxydation mit Braunstein). Man bestimmt den Schwefelgehalt der umkristallisierten Säure: $C_6H_6O_3N_2S$: Ber. S 17,02%.

3. Anthosin BN.

20 g Farbstoff werden mit 100 ccm Salzsäure und 50 g Zinnchlorür reduziert. Von der verdünnten Lösung kann ein Niederschlag abfiltriert werden, der sich durch Eisenchlorid und ähnliche Oxydationsmittel nicht oxydieren läßt. Durch 5 stündiges Kochen mit 10%iger Schwefelsäure läßt sich eine Säure abspalten, die mit Äther extrahiert wird. Die Säure ist chlorhaltig und schmilzt bei 150°. Die Mischprobe mit 2, 4-Dichlorbenzoesäure schmilzt bei 150°. Die isolierte Säure ist daher 2, 4-Dichlorbenzoesäure (Smp. 158°).

Die schwefelsaure Lösung wird mit Na-acetat abgestumpft. Dabei färbt sie sich an der Luft rot; die Lösung zeigt im Spektroskop 2 Banden $\lambda = 540, 590\,\mu\mu$. Damit ist die K-Säure nachgewiesen.

Aus einer mit Hydrosulfit reduzierten Probe wird durch Wasserdampf eine chlorhaltige Base abgetrieben, die bei 230° siedet. Das Acetylderivat hat den Smp. 72° des Acetyl-m-chloranilins.

Die Synthese Dichlorbenzoyl-K-säure + m-Chloranilin ergibt einen roten Farbstoff, dessen Absorptionsspektrum mit demjenigen des Anthosin BN übereinstimmt

$$\lambda = 531, 496\,\mu\mu.$$

Anthosine:

Anthosin BN	$\lambda = 531, 496\,\mu\mu,$
Anthosin 3 BN (mit m-Xylidin ?)	$\lambda = 540, 502\,\mu\mu,$
Anthosin 5 BN (mit λ-Naphthylamin ?)	$\lambda = 558, 518\,\mu\mu,$
Anthosinviolett BBN	$\lambda = 593, 540\,\mu\mu.$

Analoge Kombinationen:

Benzoyl-K-säure-Anilin	$\lambda = 536, 500\,\mu\mu,$
Benzoyl-K-säure-Dichloranilin	$\lambda = 546, 505\,\mu\mu,$
Benzoyl-H-säure-Dichloranilin	$\lambda = 550, 510\,\mu\mu.$

4. Naphtholblauschwarz B.

$$\langle\ \rangle-N_2-\overset{OH}{\underset{SO_3H}{\bigcirc\!\bigcirc}}\overset{NH_2}{\underset{SO_3H}{}}-N_2-\langle\ \rangle NO_2$$

50 g Farbstoff werden in 150 ccm konz. Salzsäure und 100 g Zinnchlorür bis zur Entfärbung gekocht, dann mit Wasser auf 500 ccm verdünnt. Die elektrolysierte Lösung wird bis zur beginnenden Kristallisation eingedampft. Die ausgeschiedene Säure färbt sich an der Luft blau, rascher in Na-acetatlösung. Sie ist daher wahrscheinlich eine Diaminosäure. Diese Vermutung wird bestätigt durch die übrigen Eigenschaften: Die Lösung in Ammoniak wird grün, auf Filterpapier blau mit grünem Rand. Salzsäure erzeugt einen schmutzig violetten Fleck. Die Lösung in Salpetersäure wird sofort grün, in der Durchsicht rot, dann rein grün. Nach mehreren Minuten ändert sich die Farbe nach gelb. Die Säure ist daher 2,7-Diamino-H-säure.

Das Filtrat von der Diamino-H-säure wird mit Natronlauge stark alkalisch gemacht, mit Wasserdampf destilliert und stehen gelassen. Beim Erkalten kristallisiert das p-Phenylendiamin aus. Davon wird abfiltriert und in das Chinondichlorimid vom Smp. 124° übergeführt, durch Versetzen der salzsauren Lösung mit Chlorkalklösung.

Die mit Wasser übergetriebene Base wird nach Schotten-Baumann in das Benzanilid vom Smp. 158° übergeführt und so als Anilin erkannt.

5. Benzolichtrot 8 BL.

$$SO_3H\langle\ \rangle-N_2-\langle\ \rangle-N_2-\overset{SOH_3}{\underset{OH}{\bigcirc}}-NHCO\langle\ \rangle$$

50 g des gereinigten Farbstoffes werden mit 150 ccm konz. Salzsäure und 50 g Zinnchlorür reduziert. Nach dem Verdünnen auf 500 ccm bildet sich ein Niederschlag, der abfiltriert und durch Auskochen mit angesäuertem Wasser gereinigt wird. Die erhaltene Säure ist schwer löslich, läßt sich nicht diazotieren und nicht kuppeln. Gegen Oxydation ist sie sehr beständig. Sie wird eine Stunde am Rückflußkühler mit 10%iger Schwefelsäure gekocht. Nach dem Erkalten wird die Lösung mit Äther ausgezogen. Der Äther enthält Benzoesäure, die als Benzanilid vom Smp. 158° identifiziert wird.

Die von der Benzoesäure befreite Lösung wird auf Zusatz von einigen Tropfen Eisenchloridlösung violett, im Spektroskop zeigt sich ein Streifen bei 494 $\mu\mu$. Dadurch ist die 6-Amino-J-säure nachgewiesen.

Die von der Aminobenzoyl-J-säure abfiltrierte heiße Lösung scheidet beim Erkalten Sulfanilsäure aus. Diese wird diazotiert und mit β-Naphthol gekuppelt. Der orange Farbstoff löst sich rot in konzentrierter Schwefelsäure, das Absorptionsspektrum weist zwei Streifen auf bei 563, 533 $\mu\mu$. Zuletzt wird die Lösung alkalisch gemacht und mit Äther ausgezogen. Der Ätherrückstand wird als p-Phenylendiamin identifiziert, wie bei Naphtholblauschwarz angegeben ist.

6. Sambesischwarz V.

$$NH_2\langle\rangle-N_2-\langle\rangle-N_2-\overset{OH\;NH_2}{\underset{SO_3HSO_3H}{\bigwedge\!\!\bigwedge}}-N_2-\langle\rangle NH_2$$

50 g des gereinigten Farbstoffes werden mit 150 ccm Salzsäure und 50 g Zinnchlorür bis zur Entfärbung gekocht, dann wird auf 500 ccm mit Wasser verdünnt. Die Diamino-S-säure kann direkt abfiltriert werden. Sie löst sich schwer in Na-acetat, die Lösung färbt sich an der Luft langsam blau. Die Lösung in Salpetersäure ist blaugrün, wird langsam grün und zuletzt gelb.

Die filtrierte Lösung wird elektrolysiert und eingedampft. Daraus kristallisiert die Amino-Cleve-säure. Sie ist in Salzsäure leicht löslich, in reinem Wasser dagegen ziemlich schwer. Sie zeigt keine sehr charakteristischen Reaktionen. Zur Kontrolle wird sie analysiert:

$$C_{10}H_{10}O_3N_2S: \text{Ber. S } 13,45\%$$

Die zurückbleibende Lösung wird stark alkalisch gemacht. Beim Erkalten scheidet sich das p-Phenylendiamin in glänzenden Schüppchen aus. Es wird identifiziert wie bei Naphtholblauschwarz B angegeben.

7. Benzolichtgelb RL[1].

30 g Farbstoff werden in 600 ccm Wasser gelöst und mit konz. Salzsäure stark kongosauer gemacht. Der entstehende dunkelblaue Teig wird in einem Rundkolben auf dem Wasserbade unter mechanischem Rühren gelöst und portionenweise so viel Zinnstaub zugegeben, bis eine Probe auf Filterpapier farblos abläuft. Die Reduktionslösung wird von suspendierten Verunreinigungen abfiltriert und elektrolytisch entzinnt. Nach dem Eindampfen im Vakuum auf 300 ccm wird mit Ammoniak neutralisiert, wobei ein grauer Niederschlag entsteht. Derselbe wird

---

[1] Diss. Gallup E. T. H. Zürich 1925.

mehrmals aus Alkohol umkristallisiert und wird in Form von kleinen, schwach-bläulichen Nadeln erhalten. Sie sind in Wasser und Alkalien schwer, in Salzsäure hingegen leicht löslich. Beim Erwärmen verkohlt die Verbindung in der Gegend von 230⁰ ohne zu schmelzen. Sie enthält keinen Schwefel, kein Halogen, läßt sich diazotieren und mit β-Naphthol zu einem roten Farbstoff kuppeln. Der Stickstoffgehalt wird im Mittel zu 20,63% befunden. Die Analyse deutet auf Diaminoditolylharnstoff (N = 20,74%) und zwar scheint es höchst wahrscheinlich, daß bei der Herstellung des Farbstoffes m-Toluidin gebraucht wird, da dasselbe wie Kresidin in p-Stellung zur Aminogruppe kuppelt.

Die Lösung, von der der Harnstoff abfiltriert wurde, fluoresziert stark blau. Es wird angesäuert mit Salzsäure und im Vakuum bis zur beginnenden Kristallisation eingedampft. Die so erhaltene Säure ist bräunlich, in Wasser, Alkalien und Säuren sehr leicht löslich mit blauer Fluoreszenz. Sie enthält Schwefel, läßt sich diazotieren und mit β-Naphthol zu einem roten Farbstoff kombinieren. Die Fluoreszenz und die Leichtlöslichkeit lassen auf eine Naphthylamindi- oder -trisulfosäure schließen. Die Fluoreszenz stimmt am besten überein mit derjenigen der 2-Naphthylamin-4, 8-disulfosäure (Säure IV). Ebenso absorbieren die Lösungen der β-Naphtholfarbstoffe aus der unbekannten Säure und Säure IV beide bei 494 μμ. Die mutmaßliche Konstitution des Benzolichtgelb RL ist demnach folgende:

Dieser Farbstoff wird hergestellt durch Kuppeln von diazotierter Säure IV mit m-Toluidin in schwach essigsaurer Lösung und Behandlung des Monoazofarbstoffes in sodaalkalischer Lösung mit Phosgen bei ungefähr 80⁰. Das Verhalten des fertigen Farbstoffes ist identisch mit demjenigen des Handelsproduktes, während die Kombinationen aus Amino-G-säure einerseits und Kresidin oder o-Anisidin andererseits, davon abweichen.

8. Benzolichtgrau BL (By)[1].

Benzolichtgrau besteht zur Hauptsache aus einem blaugrau färbenden Produkt, und ist gestellt mit kleinen Mengen eines orange-rotbrauner Farbstoffes, daneben eventuell etwas Direkttiefschwarz. Beim Aufblasen des trockenen Pulvers auf nasses Filterpapier ist das Gemisch deutlich zu erkennen.

Durch Umfällen (Lösen in heißem Wasser und Aussalzen) erhält man den blaugrauen Farbstoff fast rein, und die Mutterlauge färbt ein stumpfes Braungrau.

Reduktion:

Bei der Reduktion des umgefällten Farbstoffes mit Zinnchlorür und Salzsäure entsteht eine braune Lösung. In der Hitze fällt sehr wenig aus. Es wird deshalb direkt elektrolysiert und wenig eingedampft. Beim Erkalten der Lösung erhält man so einen hellbraunen, ziemlich luftempfindlichen Körper, welcher mit Phenanthrenchinon ein Kondensationsprodukt ergibt, dessen Lösung in konzentrierter Schwefelsäure ein Absorptionsband bei $\lambda = 611{,}0\,\mu\mu$ aufweist. Das Phenanthrazin ist identisch mit demjenigen der 1-Amino-γ-säure. Im Farbstoff ist also als Komponente sauer gekuppelte Gammasäure vorhanden, und zwar als Endkomponente, da Gammasäure nur einmal kuppelt. Auch die übrigen Reaktionen stimmen mit der 1-Amino-γ-säure überein.

Bei weiterem Eindampfen der Reduktionslösung fällt eine zweite Fraktion aus, deren Eigenschaften nicht sehr charakteristisch sind, da das Produkt nicht einheitlich ist. Da keine charakteristische Eisenchloridreaktion entsteht, ist die Anwesenheit einer Hydroxylgruppe ausgeschlossen (d. h. eines phenolischen Hydroxyls), es kann sich deshalb nur um Naphthylaminsulfosäuren handeln resp. deren Aminoderivate, mit Phenanthrenchinon entsteht kein Kondensationsprodukt.

Als dritte Fraktion wird schließlich ein leicht löslicher Körper erhalten, welcher in wässeriger oder schwach alkalischer Lösung schwachblau fluoresziert wie Naphthylaminsulfosäuren vom Typus der Freundschen oder Laurentschen Säure oder Säure IV. Mit Nitrit und Salzsäure entsteht ein Diazokörper, dessen Kupplungsprodukt mit R-Salz nach dem Ansäuern zwei nicht sehr scharfe Absorptionsbanden bei $\lambda = 515{,}8$ und $490{,}8\,\mu\mu$ besitzt (= Säure IV).

Durch Reduktion mit Hydrosulfit und Destillation der alkalischen Lösung mit Wasserdampf erhält man keine Base im Destillat, es ist also kein einfaches aromatisches Amin der Benzolreihe vorhanden, sondern nur Sulfosäuren oder Naphthylamine.

Da solche lichtechte, direktziehende Produkte meist Trisazofarbstoffe sind, wird ein solcher aufgebaut aus Naphthylamindisulfosäure 2, 4, 8-α-Naphthylamin-Clevesäure- und Gammasäure sauer:

---

[1] D. R. P. 293184, Friedl. XIII, 515.

Beispiele.

$$\text{SO}_3\text{H}\text{-[Ring]-SO}_3\text{H} - N_2 - \text{[Ring]} - N_2 - \text{[Ring]-SO}_3\text{H} - N_2 - \text{[Ring]}\begin{matrix}\text{NH}_2\\\text{OH}\\\text{SO}_3\text{H}\end{matrix}$$

Der Farbstoff färbt aus schwach alkalischem Bade auf Baumwolle ein Blaugrau, dessen Nuance praktisch identisch ist mit derjenigen des gereinigten Benzolichtgrau BL.

Herstellung des Farbstoffes:

$^1/_{10}$ Mol Säure IV wird diazotiert (wie Sulfanilsäure) und zu dem Diazoanhydrid eine ameisensaure Lösung von Naphthylamin zugegeben, 24 Stunden gekuppelt, aufgewärmt, kochend ausgesalzen und alkalisch umgefällt. Der Monoazofarbstoff wird indirekt diazotiert, vom Diazokörper abfiltriert und ameisensauer mit Clevesäure gekuppelt, nach 24 Stunden aufgewärmt (kuppelt langsam), alkalisch gemacht, ausgesalzen und 4mal umgefällt, bis die Mutterlauge rotviolett abläuft. Der Disazofarbstoff ist in alkalischer Lösung violett, in Säure blau und zieht bereits auf Baumwolle. Er wird wie oben diazotiert, der Diazokörper isoliert und essigsauer mit Gammasäure gekuppelt (Gammasäure in Soda lösen und mit Essigsäure ansäuern). Nach der Kupplung wird langsam aufgewärmt auf 90°, mit Ammoniak schwach alkalisch gemacht, ausgesalzen und heiß filtriert.

9. Polarrot G.

30 g Farbstoff werden in ca. 1 Liter dest. Wasser gelöst und bei 90° mit reiner konzentrierter Salzsäure die Lösung stark mineralsauer gemacht. Beim Erkalten scheidet sich die Farbstoffsäure in kleinen Kriställchen aus, die abfiltriert und mit Wasser gewaschen werden. Der Filterkuchen wird mit 300 ccm Zinnchlorürlösung gekocht. Dabei scheidet sich an der Oberfläche ein bräunliches Öl ab, das in Benzol[1] aufgenommen wird.

Nach dem Verdunsten des Benzols bleiben kugelige Aggregate von kleinen weißen Nadeln zurück. Nach Umkristallisieren aus Alkohol schmelzen sie bei 140°. Eine Mischprobe mit dem p-Toluolsulfosäureester von p-Aminophenol schmilzt bei 141—42°, womit die Identität festgestellt ist.

Die entzinnte Reduktionslösung wird im Vakuum auf ca. 300 ccm eingedampft, worauf sich nach dem Erkalten gelbliche Kristalle ausscheiden. Diese werden abfiltriert und erweisen sich als das Chlor-

---

[1] Salzsaure Lösungen können nicht mit Äther extrahiert werden, da Äther sich erheblich in Salzsäure löst.

hydrat einer Base. Mit Ammoniak wird dieselbe in Freiheit gesetzt, in Äther aufgenommen und daraus kristallisiert. Sie hat einen Smp. von 124°, die Mischprobe mit Benzidin schmilzt bei 126°, die Base ist also Benzidin.

Die Reduktionslösung wird weiter bis zur Trockne eingedampft. Es bleibt ein graues Pulver zurück, das in Wasser mit rosa Farbe löslich ist.

Um die vermutete Aminonaphtholsulfosäure reiner herzustellen, macht man einen Reduktionsversuch mit Hydrosulfit. Der rote Farbstoff verschwindet rasch in der Reduktionslösung und es scheidet sich ein gelber Körper ab, der auch nach langem Kochen mit einem Überschuß von Hydrosulfit nicht in Lösung geht. Dieser wird abfiltriert und durch Kochen mit salzsaurer Zinnchlorürlösung unter Entfärbung fertig reduziert. Es scheidet sich wieder an der Oberfläche der p-Toluolsulfosäureester von p-Aminophenol aus, durch Alkalischmachen wird das Benzidin gefällt. Das Polarrot G wird mit Hydrosulfit also nur einseitig gespalten in die Aminonaphtholsulfosäure und den Monoazofarbstoff aus Benzidin und dem p-Toluolsulfoester von Phenol.

Aus dem schwach gelben Filtrat läßt sich mit Kochsalz nach dem Ansäuern eine Säure fällen, die leicht löslich ist und sich nur in Gegenwart von Kupfersalzen in neutraler Lösung diazotieren läßt. Der Diazokörper läßt sich mit Kochsalz nicht abscheiden, er muß als Bariumsalz gefällt werden. Dieses kuppelt mit Resorcin nur in alkalischer Lösung und erst nach längerem Erwärmen. Das Verhalten der Säure sowie die Absorptionsbanden des Resorcinfarbstoffes deuten auf 1-Amino-G-säure.

Laut Analyse muß dem Polarrot G also folgende Konstitution zukommen:

$$\text{Struktur: Naphthalin mit } -N_2- \text{ verbunden mit Phenol (OH), } SO_3H \text{ Gruppen, } -N_2- \text{ verbunden mit } -C_6H_4-O-SO_2-C_6H_4-CH_3$$

Die Synthese ergibt einen Farbstoff, der nach dem Umfällen sich reiner erweist als das Handelsprodukt. An Hand der Löslichkeiten kann festgestellt werden, daß der Farbstoff sehr wahrscheinlich als saures Salz in den Handel kommt. Um ein auch in den äußerlichen Eigenschaften identisches Produkt zu erhalten, muß der Farbstoff in Siedehitze in saurer Lösung abgeschieden werden.

10. Polarbrillantrot 3B, B.

Diese beiden Farbstoffe sind erst in letzter Zeit in die Musterkarte der säure- und walkechten Polarfarben der Firma J. R. Geigy A.-G. in Basel aufgenommen worden. Da Verfahren zur Darstellung von walkechten Azofarbstoffen von der genannten Firma seit einigen Jahren nicht mehr zum Patent angemeldet worden sind, ist anzunehmen, daß die beiden Polarbrillantrot entweder unter einen alten Anspruch fallen oder dann überhaupt nicht patentfähig sind.

Polarbrillantrot 3B.

Reduktion mit Hydrosulfit:

Auf der gelben Reduktionslösung schwimmt ein gelblichbraunes Öl, das beim Erkalten kristallisiert. Zweimal unter Zusatz von Tierkohle aus wässerigem Alkohol umkristallisiert hat die Base einen Smp. von 68°. Die filtrierte Reduktionslösung wird angesäuert und mit Kochsalz versetzt, wobei nach kurzer Zeit ein voluminöser weißer Niederschlag sich bildet, der filtriert und mit Kochsalzlösung gewaschen wird. Aus 50 g Handelsprodukt erhält man 9—10 g gereinigte Base und 15 g Sulfosäure.

Die Base hat folgende Eigenschaften: Sie löst sich in verdünnter Salzsäure erst beim Erwärmen, beim Erkalten fällt das Chlorhydrat vom Smp. 168—70° aus, das durch Wasser hydrolysiert wird. Erhitzt man aber die salzsaure Lösung auf ca. 80°, so tritt teilweise Zersetzung ein unter Bildung eines wasserdampfflüchtigen Öles. Die Base enthält Halogen, nicht aber Schwefel. Eine Stickstoff- und eine Halogenbestimmung ergeben ein Verhältnis von Chlor zu Stickstoff wie 1 : 1 und ein Molekulargewicht von 219. Der Smp. des Acetylderivates liegt bei 166°.

Die ausgesalzene Sulfosäure läßt sich diazotieren und kuppeln, ist im übrigen aber sehr beständig. Ihre Eigenschaften lassen auf N-Acyl-H- oder -K-säure schließen.

Reduktion mit Zinnchlorür:

Sie geht außerordentlich langsam vor sich und ist erst nach dreistündigem Kochen beendet. Aus der entzinnten Lösung kristallisiert nichts aus, so daß man im Vakuum auf die Hälfte eindampft. Beim Erkalten scheidet sich ein schwach graues Pulver aus, das die Reaktionen der 7-Amino-H-säure aufweist. Das Spektrum der oxydierten Lösung zeigt folgende Banden

$\lambda = 580$, $490\ \mu\mu$ (aus 7-Amino-H-säure $\lambda = 528$, $491\ \mu\mu$).

Das Filtrat, das stark nach Toluolsulfosäurechlorid riecht, wird zur Trockene eingedampft. Der graue Rückstand wird mit Sodalösung versetzt und die Lösung mit Äther ausgeschüttelt. Aus der ätherischen Lösung kristallisiert ein Körper vom Smp. 140°, der sich sowohl in Salzsäure als in Natronlauge, nicht aber in Sodalösung löst. Ferrichlorid bewirkt in salzsaurer Lösung Rotfärbung. Die halogenhaltige Substanz läßt sich diazotieren und mit R-Salz zu einem Farbstoff kombinieren. Es ist wahrscheinlich ein Chloraminophenol.

1 g der Sulfosäure, die man erhält durch Reduktion mit Hydrosulfit, wird mit 20 ccm 10%iger Salzsäure am Rückfluß gekocht. Schon nach kurzer Zeit läßt die Lösung an der Luft oder durch Oxydationsmittel sich oxydieren zu der charakteristischen roten Lösung, die man erhält aus 7-Amino-1, 8-aminonaphtholsulfosäuren. Da es bekannt ist, daß Polarfarben die Toluolsulfogruppe enthalten, ist die Annahme, daß der an den N gebundene Acylrest p-Toluolsulfosäure ist, besonders naheliegend.

Die Identifizierung der Base gelingt auf folgende Weise. Da bei der Reduktion mit Zinnchlorür ein Aminophenol entsteht, kommt für die Grundbase hauptsächlich die Konstitution eines Esters in Frage. Man kocht 8 g der Base mit 80 ccm 20%iger Salzsäure in einem Kolben mit absteigendem Kühler und leitet zugleich Wasserdampf ein. Es destilliert eine zu Tränen reizende Flüssigkeit, die schwerer ist als Wasser, ihr Sdp. liegt bei 175°. Mit Silbernitrat bildet sich beim Erwärmen Chlorsilber. Die Oxydation mit Kaliumpermanganat in neutraler Lösung verläuft sehr rasch und liefert Benzoesäure Smp. 121°. Das Destillat ist also Benzylchlorid.

Die Flüssigkeit im Kolben wird mit Natronlauge alkalisch gemacht, filtriert, angesäuert und dann mit Sodalösung versetzt. Im Verlaufe eines Tages kristallisieren weiße Blättchen vom Smp. 139°, die identisch sind mit dem Chloraminophenol, das man erhält durch saure Reduktion des Farbstoffes. Dasselbe ist auch identisch mit dem Chloraminophenol, das dem 2-Nitro-4-chlorphenol entspricht. Die Grundbase ist demnach 4-Chlor-2-aminophenylbenzyläther. Sie kann folgendermaßen synthetisch hergestellt werden. 1, 4-Dichlor-2-nitrobenzol wird mit 2,5 Mol 10%iger Natronlauge im Autoklaven während 10 Stunden auf 150—60° erhitzt. Das entstehende Natriumsalz des Nitrochlorphenols wird mit Benzylchlorid in alkoholischer Lösung nach Frische[1] 5 Stunden gekocht, und der Nitroäther reduziert. Die so erhaltene Base schmilzt bei 68°, ebenso die Mischprobe mit der Base aus dem Farbstoff.

Dem Polarbrillantrot 3 B kommt also laut Analyse folgende Konstitution zu:

---

[1] Ann. **224** (1884), 141.

Beispiele.

$$\text{Cl-C}_6\text{H}_4\text{-O-CH}_3 \quad -N_2- \quad \begin{matrix} \text{OH} \\ \text{SO}_3\text{H} \end{matrix} \quad \text{NH}-\text{SO}_2-\text{C}_6\text{H}_4-\text{CH}_3$$

Synthese:

$1/10$ Mol H-Säure wird in $2/10$ Mol Soda und 200 ccm Wasser gelöst. Bei 60—70° gibt man unter Umrühren in kleinen Portionen Toluolsulfochlorid zu bis die Lösung kein Nitrit mehr aufnimmt. Man braucht dazu einen 2—3fachen Überschuß, da an die Hydroxylgruppe auch eine Toluolsulfogruppe gebunden wird. Dann gibt man soviel Natriumkarbonat zu, daß eine 10%ige Sodalösung entsteht und kocht $1/2$ Stunde zur Abspaltung der an die OH-Gruppe gebundenen Toluolsulfosäure. Man läßt nun erkalten und gibt zu der eiskalten Lösung die Diazolösung zu. Nach mehrstündigem Rühren wärmt man auf 60° auf und salzt mit wenig Kochsalz aus. Durch Umfällen wird der Farbstoff gereinigt. Sowohl die Lösungen als die Ausfärbungen ergeben keinen Unterschied zwischen dem Typ und dem synthetisch hergestellten Produkt.

	Typ	synthetischer Farbstoff
λ_{H_2O}	= 564,5, 522 $\mu\mu$;	durchaus identisch, Banden schärfer als beim Typ, besonders bei 565 $\mu\mu$.
$\lambda_{C_2H_5OH}$	= 561, 522,5, 490 $\mu\mu$;	identisch.
$\lambda_{H_2SO_4}$	= 616, 581 $\mu\mu$;	identische

Beide Banden nicht sehr deutlich.

Monoazofarbstoffe, die als Kupplungskomponente N-Toluolsulfo-H-säure enthalten, sind an und für sich nichts Neues, denn sie sind schon im D. R. P. 120081[1] (Ciba) erwähnt. Ebenso werden Aminophenylbenzyläther zur Darstellung von Azofarbstoffen genannt im D. R. P. 142899[2] (M. L. B.), so daß es verständlich erscheint, warum das Polarbrillantrot 3 B nicht Gegenstand eines Patentes sein kann. Wissenschaftlich interessant ist die leichte Spaltbarkeit des Chloraminophenylbenzyläthers durch bloßes Kochen mit verdünnter Salzsäure unter Bildung von Benzylchlorid[3].

---

[1] Friedl. VI (1900), 865.   [2] Friedl. VII (1902), 466.
[3] Siehe auch W. F. Schort u. M. L. Stewart, Journ. Chem. Soc. London, 1929, 553.

Polarbrillantrot B.

Dasselbe ist analog zusammengesetzt, enthält aber an Stelle des Aminochlorphenylbenzyläthers den 4-Chlor-2-aminodiphenyläther. Diese Base und Analoge derselben sind beschrieben im D. R. P. 216642[1] (By) und werden hergestellt nach C. Haeussermann und H. Teichmann[2] aus o- oder p-Nitrochlorbenzolen durch Erhitzen mit Phenolkalium auf 150° und Reduktion des entstehenden Nitroäthers.

Formel:

Typ	Synthetischer Farbstoff
λ_{H_2O} = 556, 521,5 $\mu\mu$;	Banden identisch
$\lambda_{C_2H_5OH}$ = 552,5, 516,5 $\mu\mu$;	,, ,,
$\lambda_{H_2SO_4}$ = 625, 581 $\mu\mu$;	,, ,,

Beide Banden sehr undeutlich und verschwommen.

11. Reduktion verschiedener Hansagelb[3].

In den meisten Lösungsmitteln sind sie sehr schwerlöslich, etwas löslich in Amylalkohol und Eisessig, aus welchem sie umkristallisiert und mit charakteristischem Smp. erhalten werden können. Infolge ihrer Schwerlöslichkeit sind folgende Reduktionsversuche ohne Erfolg: Hydrosulfit in Amylalkohol, Zinnchlorür und Salzsäure in Amylalkohol oder Äthylalkohol oder Eisessig. Einzig brauchbar hat sich die Reduktion mit Zinkstaub in viel Äthylalkohol in Gegenwart einiger Tropfen Eisessig erwiesen.

2 g Farbstoff werden in 200 ccm Alkohol und einigen Tropfen Eisessig mit 0,5 g Zinkstaub gekocht, wobei nach ca. 30 Min. Entfärbung das Ende der Reduktion anzeigt[4]. Es wird vom Zinkstaub abfiltriert

---

[1] Friedl. IX (1908), 322. [2] Ber. 29 (1896), 1446.
[3] Diss. Ziegler E. T. H. Zürich 1928; Helv. Chimica Acta 1928, 746. Siehe auch A. H. Burr und F. M. Rowe, Journ. of the Soc. of Dyers and Colourists 1928, 205.
[4] Analog lassen sich das Elsässergrün (Eisenlack des Nitroso-β-Naphthol) und die Lackfarbstoffe des D. R. P. 467423 (J. G., Eisenlacke von Isonitrosoacetessigaryliden) reduzieren, doch verwendet man oft mit Vorteil Salzsäure statt Essigsäure.

und die Lösung mit Wasser verdünnt, wobei ein weißer Niederschlag ausfällt. Derselbe wird aus Eisessig umkristallisiert und an Hand des Smp. als ein Pyrazinderivat erkannt. In der Lösung befindet sich noch die zweite Komponente, die sich infolge der Kondensationsfähigkeit mit Phenanthrenchinon als ein o-Diamin erweist. Es wird also ein Teil der Lösung mit Phenanthrenchinonbisulfitlösung erwärmt, wobei das sich bildende Phenanthrazin ausfällt und an Hand des Smp. und des Absorptionsspektrums der schwefelsauren Lösung identifiziert wird.

Aus der Reduktionslösung des Hansagelb R fällt beim Verdünnen mit Wasser kein Pyrazinderivat aus, dagegen färbt sich die Lösung allmählich rot und es bildet sich ein roter Niederschlag, der sich in Alkalien violett löst. Sowohl der Smp. als auch das Spektrum der alkalischen Lösung deuten auf Rubazonsäure, dem Oxydationsprodukt von 1-Phenyl-3-methyl-4-amino-5-pyrazolon.

Laut Analyse haben die 6 untersuchten Handelsmarken folgende Konstitution:

Hansagelb   G Smp. 256° 3-Nitro-4-toluidin - Acetessiganilid,
,,   GA Smp. 256° identisch mit Marke G,
,,   3 G Smp. 242° 4-Chlor-2-nitranilin - Acetessiganilid,
,,   5 G Smp. 204° 2-Nitranilin - Acetessiganilid,
,,   10 G Smp. 251° 2-Nitro-4-chloranilin - Acetessig-2-chloranilid,
,,   R Smp. 228° 2, 5-Dichloranilin - 1-Phenyl-3-methyl-5-pyrazolon.

Die lasierenden Marken sind identisch mit den gewöhnlichen Marken. Die größere Transparenz rührt offenbar von anderer Verteilung her.

Die Farbstoffe werden durch Kupplung der Nitramine mit den Acetessigsäurearylamiden in essigsaurer oder neutraler Lösung hergestellt und an Hand der Smp. deren Identität mit den Handelsmarken festgestellt.

12. Siriusgelb RR[1].

2 g des technischen Farbstoffes werden mit 10 g Jodwasserstoffsäure vom sp. G. 1,7 und 2 g rotem Phosphor während 20 Stunden auf 230° erhitzt, wobei man ein braunes Produkt erhält. Man spült dieses in ein Becherglas, macht mit Ammoniak eben alkalisch und filtriert. Das Filtrat ist gelb, also geht unveränderter Farbstoff weg. Der Rückstand ist ein braungelbes Pulver, das man durch einmaliges Umkristallisieren aus Alkohol unter Zugabe von etwas Blutkohle in vollkommen farblosen Nädelchen erhält. Diese zeigen in Alkohol

---

[1] Diss. H. Hauser E. T. H. Zürich 1928; Helv. Chim. Acta 1928, 204.

prachtvoll violette Fluoreszenz; beim Verdünnen der alkoholischen Lösung mit Wasser fällt ein amorphes, farbloses Produkt aus, das sich in verdünntem Ammoniak nicht löst, es ist demnach keine Sulfosäure. Auf Zusatz von einem Tropfen konz. Salzsäure zur alkoholischen Lösung tritt unter Bildung eines Chlorhydrates intensive Gelbfärbung ein; dasselbe geschieht auch beim Dehydrothio-p-toluidin. Der Smp. des Reduktionsproduktes liegt bei 191°, also gleich hoch wie derjenige des Dehydrothiotoluidins. Die Mischprobe mit demselben schmilzt ebenso bei 191°. Damit ist bewiesen, daß das Siriusgelb RR zum größten Teil aus Chloramingelb besteht.

13. Diazobrillantscharlach 3 B extra.

15 g des Handelsproduktes werden durch Umfällen gereinigt und dann in 300 ccm Wasser mit Hydrosulfit reduziert. Die durch Zusatz von Soda schwach alkalisch gemachte, gelbe Reduktionslösung wird heiß filtriert und erkalten gelassen. Da sich dabei nichts ausscheidet, die Lösung aber ziemlich stark basisch riecht, wird sie im Apparat von Kutscher und Steudel während 10 Stunden mit Äther extrahiert.

Der ätherische Extrakt wird mit entwässertem Natriumsulfat getrocknet und dann der Äther verdunstet. Es bleibt ca. 1 g eines braunen, stark basisch riechenden Öles zurück. Ein Tropfen desselben wird diazotiert und mit R-Salz gekuppelt:

$$\lambda_{H_2O} = 535, 496 \;\mu\mu,$$
$$\lambda_{C_2H_5OH} = 527, 496 \;\mu\mu,$$
$$\lambda_{H_2SO_4} = 548, 511 \;\mu\mu.$$

Die Absorptionsspektren stimmen am besten überein mit denjenigen der Farbstoffe aus m- und p-Xylidin, eventuell kann als Base auch o- oder p-Toluidin in Frage kommen.

Vergleich der Spektren mit dem mit Doppelspalt versehenen Spektroskop:

Lös. in H_2SO_4: Farbstoff aus p-Xylidin absorbiert etwas höher (Absorptionsbanden nach Rot verschoben), derjenige aus m-Xylidin eine Spur höher. Die Farbstoffe aus den Toluidinen absorbieren merklich tiefer (Absorptionsbanden nach Blau verschoben) zudem ist der Abstand zwischen den beiden Banden größer; die Toluidine scheiden also aus.

Lös. in C_2H_5OH: Die Farbstoffe aus beiden Xylidinen absorbiergleich wie der unbekannte Farbstoff.

Lös. in H_2O: Der p-Xylidinfarbstoff absorbiert eine Spur höher, derjenige aus m-Xylidin noch etwas höher.

Aus der spektroskopischen Bestimmung geht somit hervor, daß die gesuchte Base entweder m- oder p-Xylidin ist. Die Abweichungen liegen durchaus innerhalb der Fehlergrenze, besonders da der Farbstoff aus der unbekannten Base noch unrein ist.

Die Frage, ob m- oder p-Xylidin wird entschieden durch das Benzoylderivat.

Benz-m-xylidid Smp. 192^0,
Benz-p-xylidid Smp. 140^0,
Benzoylderivat der unbekannten Base Smp. 135^0,
Mischprobe mit Benz-p-xylidid Smp. 137^0.

Die ausgeätherte Lösung wird angesäuert, wobei ein schleimiger, gelbbrauner Niederschlag ausfällt. Das gelbbraune Pulver ist ziemlich beständig und läßt sich diazotieren und mit R-Salz kuppeln

$$\lambda_{H_2O} = 524, 491\ \mu\mu,$$
$$\lambda_{H_2SO_4} = 538, 503\ \mu\mu.$$

Die Kupplungskomponente ist also das m-Aminophenylthiazol der Aminonaphtholsulfosäure 2, 5, 7.

Die Absorptionsspektren des synthetisierten Farbstoffes stimmen mit denjenigen des Handelsproduktes überein

$$\lambda_{H_2O} = 550,5\ 511\ \mu\mu,$$
$$\lambda_{C_2H_5OH} = 539\ ,\ 502\ \mu\mu,$$
$$\lambda_{H_2SO_4} = 559\ ,\ 520\ \mu\mu,$$

ebenso ist die Fluoreszenz im Lichte der Uviollampe bei beiden Produkten gleich.

Die wichtigeren Werke, die zur Abfassung dieser Zusammenstellung benutzt wurden.

1. Friedländer, Paul: Fortschritte der Teerfarbenindustrie Band I—XV. 1877—1928. Berlin: Julius Springer 1920—1928.
2. Winther, Adolf: Patente der organischen Chemie. 1877—1905.
3. H. E. Fierz-David: Künstliche organische Farbstoffe, Bd. III der Technologie der Textilfasern von R. O. Herzog. Berlin: Julius Springer 1926.
4. H. E. Fierz-David: Grundlegende Operationen der Farbenchemie. 1924.
5. Green, Arthur: The Analysis of Dyestuffs. 1920.
6. Schultz, Gustav: Farbstofftabellen. 1914/20.
7. Colour, Index: herausgegeben von der Soc. of Dyers and Colourists. 1924.
8. Formanek, Jaroslav: Untersuchung und Nachweis organischer Farbstoffe auf spektroskopischem Wege. 2. Aufl. Berlin: Julius Springer 1908—1927.
9. Täuber und Normann: Die Derivate des Naphthalins. 1896.
10. Allen: Commercial Organic Analysis, Vol. VI. 1928.
11. Beilstein, F.: Handbuch der organischen Chemie. 4. Aufl. Berlin: Julius Springer 1918—1929.
12. Richter, M. M.: Lexikon der Kohlenstoffverbindungen, 3. Aufl. 1910.
13. Stelzner, Robert: Literaturregister der organischen Chemie. 1911—21.
14. Lange, Otto: Die Zwischenprodukte der Teerfarbenfabrikation.
15. Houben, J.: Die Methoden der organischen Chemie. 1921/24.
16. Davidson, A.: Intermediates for Dyestuffs. 1926.
17. Ullmann, Fritz: Enzyklopädie der technischen Chemie. 1914.
18. Ruggli, Paul: Praktikum der Färberei und Farbstoffanalyse. 1925.
19. Kempf-Kuster: Schmelzpunktstabellen. 1928.
20. Gnehm v. Muralt: Taschenbuch für die Färberei. 2. Aufl. Berlin: Julius Springer 1924.
21. Georgievics, Georg: Handbuch der Farbenchemie. 1922.
22. Goppelsroeder, Friedr.: Kapillaranalyse. 1901/10.

Sachverzeichnis.

Acetanilid 102
Acetessiganilid 114.
Acetessig-2-chloranilid 114.
Acetessigsäurearylamide 38.-
Acetylaminoclevesäure 29.
Acetylderivate 22.
Aethenylaminophenole 23.
o-Aethoxybenzidin 57, 92.
Alizarincyaningrün 10.
Amidonaphtholrot G 102.
4-Aminoacetanilid 53, 92, 97, 100.
3-Aminoacetanilid-4-sulfosäure 93.
4-Aminoacetanilid-3-sulfosäure 95.
Aminoacetessigester 56.
Aminoacetessigsäurearylamide 38.
7-Amino-2-acetyl-γ-Säure 82.
6-Amino-2-acetyl-J-Säure 81.
6-Amino-1-acetyl-M-Säure 79.
7-Amino-2-acetyl-RR-Säure 85.
4-Amino-1-äthylnaphthylamin 69.
Aminoazobenzol 2, 7, 96, 99.
o-Aminoazotoluol 44, 96, 98, 100, 101.
3-Aminobenzaldehyd 51.
4-Aminobenzaldehyd 51.
2-Aminobenzoesäure 51, 91, 97, 100.
3-Aminobenzoesäure 51, 91.
4-Aminobenzoesäure 51, 91.
7-Amino-2-benzoyl-γ-Säure 82.
7-Amino-1-benzoyl-H-Säure 33, 83.
6-Amino-2-benzoyl-J-Säure 81.
7-Amino-1-benzoyl-K-Säure 33, 84.
6-Amino-1-benzoyl-M-Säure 79.
7-Amino-2-benzoyl-RR-Säure 85.
7-Amino-1-benzoyl-S-Säure 80.
7-Amino-1-benzoyl-SS-Säure 82.
Amino-Brönner-Säure 71.
2-Amino-4-chlorphenol 48, 91, 111.
4-Amino-2-chlorphenyloxaminsäure 92.
4-Amino-1(2'-chlor-5'-sulfo)-phenyl-3-methyl-5-pyrazolon 89.
Amino-Chromotropsäure 77.
Amino-Cleve-Säure 70, 105.
Amino-Croceinsäure 73.
2-Amino-4,6-dichlorphenol 51.
4-Amino-1-(2',5'-dichlor-4'-sulfo)-phenyl-3-methyl-5-pyrazolon 89.
4-Aminodimethylanilin 53, 92.

4-Aminodimethylanilin-3-sulfosäure 62.
Aminodioxy-G-Säure 77.
Aminodioxynaphthaline und deren Sulfosäuren 31, 76.
1-Amino-2,7-dioxynaphthalin 76.
2-Amino-1,5-dioxynaphthalin 76.
4-Amino-1,5-dioxynaphthalin 76.
2-Amino-1,8-dioxynaphthalin-3,6-disulfosäure 77.
1-Amino-2,8-dioxynaphthalin-6-sulfosäure 77.
2-Amino-1,8-dioxynaphthalin-4-sulfosäure 77.
Aminodioxy-S-Säure 77.
4-Aminodiphenyläther 48.
4-Aminodiphenylamin 12, 53, 92.
4-Aminodiphenylamin-2-sulfosäure 62.
Amino-δ-Säure 65, 94.
Amino-ε-Säure 76.
Amino-F-Säure 65, 73, 94.
Amino-G-Säure 66, 75, 94, 109.
1-Amino-γ-Säure 81, 107.
7-Amino-γ-Säure 33, 81.
2-Amino-H-Säure 34, 82, 84.
7-Amino-H-Säure 83, 102, 110.
1-Amino-J-Säure 80.
6-Amino-J-Säure 33, 80, 104.
3-Amino-4-kresol 47.
3-Amino-4-kresolbenzyläther 95, 98.
5-Amino-2-kresol-3-carbonsäure 52, 91.
3-Amino-4-kresolmethyläther 47, 91, 95, 98.
3-Amino-2-kresol-5-sulfosäure 93.
3-Amino-4-kresol-5-sulfosäure 93.
p-Amino-o-kresotinsäure 52, 91.
3-Amino-2-kresylbenzyläther 49.
3-Amino-4-kresylbenzyläther 49.
5-Amino-2-kresylbenzyläther 49.
3-Amino-4-kresyl-2'-chlorbenzyläther 49.
3-Amino-4-kresyl-4'-chlorbenzyläther 49.
2-Amino-K-Säure 34, 83.
7-Amino-K-Säure 84, 103.
Amino-Laurentsche Säure 70.
4-Amino-4'-methoxydiphenylamin 45.
4-Amino-M-Säure 34, 78.

Sachverzeichnis.

6-Amino-M-Säure 78.
Amino-Naphthionsäure 69.
1-Amino-2-naphthol 71.
1-Amino-4-naphthol. 72.
2-Amino-1-naphthol 72.
Aminonaphthole und deren Sulfosäuren 30, 71.
1-Aminonaphthol AS 35, 87.
1-Aminonaphthol ASBO 88.
1-Aminonaphthol ASBS 88.
1-Aminonaphthol ASD 87.
1-Aminonaphthol ASRL 87.
1-Aminonaphthol ASSW 88.
1-Aminonaphthol ASTR 87.
Aminonaphtholdisulfosäure 1, 8, 3, 6, 32.
Aminonaphtholdisulfosäure 1, 8, 4, 6, 32.
Aminonaphtholdisulfosäure 2, 8, 3, 6, 32.
1-Amino-2-naphthol-3, 6-disulfosäure 74.
1-Amino-2-naphthol-6, 8-disulfosäure 75.
2-Amino-1-naphthol-3, 6-disulfosäure 75.
2-Amino-1-naphthol-3, 8-disulfosäure 76.
2-Amino-1-naphthol-4, 8-disulfosäure 75.
Aminonaphtholsulfosäure 1, 5, 7, 32.
Aminonaphtholsulfosäure 1, 8, 4, 32.
Aminonaphtholsulfosäure 2, 5, 7, 32, 35, 85.
Aminonaphtholsulfosäure 2, 8, 6, 32.
1-Amino-2-naphthol-4-sulfosäure 72.
1-Amino-2-naphthol-6-sulfosäure 72.
1-Amino-2-naphthol-7-sulfosäure 73.
1-Amino-2-naphthol-8-sulfosäure 73.
2-Amino-1-naphthol-3-sulfosäure 73.
2-Amino-1-naphthol-4-sulfosäure 74.
2-Amino-1-naphthol-5-sulfosäure 74.
o-Aminonaphtholsulfosäuren, Diazotierung 31.
1-Amino-2-naphthol-3,6,8-trisulfosäure 75.
Amino-Nevile-Winther-Säure 74.
4-Amino-4'-oxydiphenyl 56.
1-Amino-2-oxy-3-naphthoesäure 35, 86.
1-Amino-2-oxy-3-naphthoesäure-3'-aminophenylamid 35, 45, 88.
1-Amino-2-oxy-3-naphthoesäureanilid 35, 87.
1-Amino-2-oxy-3-naphthoesäure-4'-anisidid 87.
1-Amino-2-oxy-3-naphthoesäurearylamide 35, 45, 86.
1-Amino-2-oxy-3-naphthoesäure-5'-chlor-2'-toluidid 87.
1-Amino-2-oxy-3-naphthoesäure-α-naphthalid 88.

1-Amino-2-oxy-3-naphthoesäure-β-naphthalid 88.
1-Amino-2-oxy-3-naphthoesäure-2'-toluidid 87.
5-Amino-2-oxy-3-sulfobenzoesäure 61.
Aminooxyverbindungen, Benzoylderivate derselben 22.
Aminophenanthrazine 27.
2-Aminophenol 46, 91.
3-Aminophenol 47.
4-Aminophenol 47, 91.
4-Aminophenol-p-Toluolsulfoester 108.
4-Aminophenol-2-carbonsäure 52, 91.
2-Aminophenol-4, 6-disulfosäure 93.
4-Aminophenol-2, 6-disulfosäure 60.
2-Aminophenol-4-sulfosäure 60, 93.
4-Aminophenol-2-sulfosäure 60.
2-Aminophenylbenzyläther 49.
3-Aminophenylbenzyläther 49.
4-Aminophenylbenzyläther 49.
2-Aminophenyl-2'-chlorbenzyläther 49.
2-Aminophenyl-4'-chlorbenzyläther 49.
4-Aminophenylglycin 53.
7-Amino-2-phenyl-γ-Säure 82.
7-Amino-1-phenyl-H-Säure 83.
6-Amino-2-phenyl-J-Säure 81.
7-Amino-1-phenyl-K-Säure 84.
6-Amino-1-phenyl-M-Säure 78.
4-Amino-1-phenylnaphthylamin-8-sulfosäure 70.
3-Aminophenyloxaminsäure 91.
4-Aminophenyloxaminsäure 92.
2-(3'-Aminophenyl)-6-oxy-7-amino-8-sulfonaphtho-α,β-thiazol 86, 116.
2-(4'-aminophenyl-)-6-oxy-7-amino-8-sulfonaphtho-α,β-thiazol 86.
4-Amino-1-phenyl-3-methyl-5-pyrazolon 88, 114.
4-Amino-1-phenylnaphthylamin 69.
Aminophenylperisäure 29.
7-Amino-2-phenyl-RR-Säure 85.
7-Amino-1-phenyl-S-Säure 80.
m-Aminophenylthiazol der J-Säure 86, 116.
p-Aminophenylthiazol der J-Säure 86.
Aminopyrazolone 37, 88.
4-Aminopyrogallol 55.
4-Aminoresorcin 52.
4-Aminoresorcin-6-carbonsäure 52.
Aminoresorcylsäure 52.
1-Amino-RR-Säure 84.
7-Amino-RR-Säure 85.
Amino-R-Säure 66, 71, 94.

p-Aminosalicylsäure 52, 91.
Amino-Schäffer-Säure 72.
2-Amino-S-Säure 79.
7-Amino-S-Säure 79.
7-Amino-SS-Säure 82.
2-Amino-4-sulfobenzoesäure 61.
4-Amino-1-(4')-sulfophenyl-3-methyl-5-pyrazolon 89.
4-Amino-1-(4')-sulfophenyl-5-pyrazolon--3-carbonsäure 37, 89.
Anilin 46, 91, 95, 98, 102, 104.
Anilin-2,4-disulfosäure 59, 93.
Anilin-2,5-disulfosäure 60, 93.
2-Anilinsulfosäure 59, 93, Taf. I.
3-Anilinsulfosäure 59, 93, Taf. II.
4-Anilinsulfosäure 59, 93, 105, Taf. I.
2-Anisidin 44, 47, 91, 96, 98, 100.
4-Anisidin 47, 91, 95, 98.
4-Anisidin-2-sulfosäure 93.
Anthosin BN, 3 BN, 5 BN 103.
Anthranilsäure 51, 91, 97, 100.
Anthranilsäuremethylester 97, 100.
Appretur 45.
Azimide 10.
Azimidosäuren von o-Naphthylendiaminsulfosäuren 28, 34.
Azimidoxyde 10.
p,p'-Azobenzoldisulfosäure 8.
Azofarbstoffe, Definition u. Darstell. 1.
Azoxytoluidin 58.

Bathochrom 24.
Beispiele 102.
Benzaminsäure 51, 91.
o (p)-Benzbitriazol 26.
Benzidin 45, 56, 92, 97, 100, 101, 109.
Benzidin - 2, 2'- disulfosäure 63, 93.
Benzidin - 3, 3'- disulfosäure 62, 93.
Benzidinsulfon 92.
Benzidin-3-sulfosäure 62, 93.
Benzidinumlagerung 9.
Benzoechtfarben 35.
Benzoesäure 63, 104, 111.
Benzolichtfarben 35.
Benzolichtgelb R L 105.
Benzolichtgrau B L 106.
Benzolichtrot 8 B L 104.
Benzoylderivate 22.
Benzylchlorid 111.
Bismarckbraun 2.
Brönner-Säure 65, 94, Taf. III.
5-Brom-3-amino-2-kresylbenzyläther 50.
4-Brom-2-aminophenylbenzyläther 50.

Charakterisierung der Spaltprodukte 15.
Chloramingelb M 1, 10, 41, 115.
4-Chlor-2-aminoanisol 44, 48, 91, 96, 99, 100.
5-Chlor-2-aminoanisol 96, 99.
2'- Chlor-4-aminodiphenyläther 48.
4-Chlor-2-aminodiphenyläther 48, 113.
4'- Chlor-2-aminodiphenyläther 48.
4'- Chlor-4-aminodiphenyläther 48.
4-Chlor-2-aminophenol 48, 91, 111.
4-Chlor-2-aminophenol-5-sulfosäure 10.
4-Chlor-2-aminophenylbenzyläther 50, 111.
4-Chlor-2-aminophenyl-2'-chlorbenzyläther 49.
4-Chlor-2-aminophenyl-3'-tolyläther 48.
4-Chlor-2-aminophenyl-4'-tolyläther 48.
2-Chloranilin 44, 50, 91, 95, 98, 101.
3-Chloranilin 44, 50, 91, 103.
4-Chloranilin 50, 91, 95, 98.
2-Chloranilin-5-sulfosäure 93.
3-Chloranilin-6-sulfosäure 61.
4-Chloranilin-3-sulfosäure 93.
4-Chlor-2-anisidin 44, 48, 91, 96, 99, 100.
5-Chlor-2-anisidin 96, 99.
2-Chlor-4-nitranilin 97, 100.
3-Chlor-4-nitranilin 96, 99.
4-Chlor-2-nitranilin 44, 97, 100, 101, 114.
4-Chlor-3-nitranilin 96, 99.
5-Chlor-2-nitranilin 97, 99.
6-Chlor-3-nitranilin 96, 99.
4-Chlor-5-nitro-2-anisidin 97, 100.
4-Chlor-5-nitro-2-phenetidin 97, 99.
4-Chlor-2-nitrophenol 10, 111.
4-Chlor-2-phenetidin 96, 98.
2-Chlor-4-toluidin 95, 98.
3-Chlor-4-toluidin 95, 98.
4-Chlor-2-toluidin 44, 51, 91.
5-Chlor-2-toluidin 44, 51, 91, 95, 98.
6-Chlor-2-toluidin 44, 51, 91.
2-Chlor-5-toluidin-4-sulfosäure 61.
3-Chlor-2-toluidin-5-sulfosäure 61.
Chromotropsäure 31.
Chrysoidin 2, 7.
Chrysoidine, Spaltprodukte derselb. 25.
Cleve-Säuren 29, 64, 94, 107, Taf. II, III.
1, 2, 4, 5 - Cumidin 46, 91.

Dahlsche Säure III 65, 94.
Dehydrothioarylaminsulfosäuren 1.
Dehydrothio-p-toluidin 55, 96, 115.
— -p-toluidinsulfosäure 62.

Dehydrothio-m-xylidin 56.
Diacetessig-o-tolidid 44.
o-Diamine 23.
2, 4-Diaminoanisol 55.
1, 2-Diaminobenzol-4-sulfosäure 61.
1, 3-Diaminobenzol-4-sulfosäure 61.
1, 4-Diaminobenzol-2-sulfosäure 61.
2, 4-Diaminochlorbenzol 54.
2, 5-Diaminochlorbenzol 54.
3, 4-Diaminochlorbenzol 54.
4, 5-Diamino-1, 3-dimethylbenzol 54.
2, 4-Diaminodiphenylamin 57.
2, 4'-Diaminodiphenylamin 57.
4, 4'-Diaminodiphenylamin 57, 92.
4, 4'-Diaminodiphenylharnstoff 58, 92.
4, 4'-Diaminodiphenylmethan 58, 92.
4, 4'-Diaminodiphenylthioharnstoff 58.
4, 4'-Diamino-3,3'-ditolylamin 57.
4, 4'-Diamino-3,3'-ditolylmethan 58, 92.
4, 4'-Diamino-2,5,2',5'-dixylylmethan 58, 92.
2, 7-Diamino-H-Säure 34, 83, 104.
1, 6-Diamino-J-Säure 34, 80.
Diamino-J-Säureharnstoff 85.
2, 5-Diamino-4-kresol 54.
3, 5-Diamino-2-kresol 54.
3, 5-Diamino-4-kresol 55.
2, 5-Diamino-4-kresolmethyläther 55.
2, 7-Diamino-K-Säure 84.
1, 2-Diaminonaphthalin 69.
1, 4-Diaminonaphthalin 59, 69.
1, 5-Diaminonaphthalin 59.
1, 2-Diaminonaphthalin-3,6-disulfosäure 71.
1, 2-Diaminonaphthalin-4-sulfosäure 69.
1, 2-Diaminonaphthalin-5-sulfosäure 70.
1, 2-Diaminonaphthalin-6-sulfosäure 71.
1, 2-Diaminonaphthalin-7-sulfosäure 71.
1, 4-Diaminonaphthalin-6- (bzw. -7)-sulfosäure 70.
1,2-Diamino-8-naphthol- 3, 6-disulfosäure 82, 84.
1, 2-Diamino-8-naphthol- 4, 6-disulfosäure 83.
1, 7-Diamino-8-naphthol- 2, 4-disulfosäure 82.
1, 7-Diamino-8-naphthol- 3, 6-disulfosäure 83.
1, 7-Diamino-8-naphthol- 4, 6-disulfosäure 84.
2, 7-Diamino-8-naphthol- 3, 6-disulfosäure 85.
1,2-Diamino-5-naphthol-7-sulfosäure 80.

1,2-Diamino-8-naphthol-4-sulfosäure 79.
1,2-Diamino-8-naphthol-6-sulfosäure 81.
1,4-Diamino-5-naphthol-7-sulfosäure 78.
1, 5-Diamino-2-naphthol-4-sulfosäure 32, 78.
1,6-Diamino-5-naphthol-7-sulfosäure 78.
1,7-Diamino-8-naphthol-4-sulfosäure 79.
2,6-Diamino-5-naphthol-7-sulfosäure 80.
2, 7-Diamino-8-naphthol-6-sulfosäure 81.
Diaminonaphtholsulfosäuren 32, 78.
3,5-Diamino-2-oxybenzoesäure 55.
2,2'-Di-(6-Amino-5-oxy-7-sulfonaphthyl)-harnstoff 85.
2,4-Diaminophenol 54.
2,5-Diaminophenol 54.
2,6-Diaminophenol-4-sulfosäure 62.
Diamino-S-Säure 79, 105.
Diaminostilbendisulfosäure 63, 94.
4,4'-Diaminothiodiphenyl 58, 92.
2,4-Diaminotoluol 26, 53.
2,5-Diaminotoluol 53.
3,4-Diaminotoluol 53.
o-Dianisidin 45, 57, 92, 97, 100.
Diazobrillantfarben 35.
Diazobrillantscharlach 3 B extra 5, 115.
Diazokomponente 1, 24, 46.
Diazolichtfarben 35.
2,4'-Dichlor-4-aminodiphenyläther 48.
4,2'-Dichlor-2-aminodiphenyläther 48.
4,4'-Dichlor-2-aminodiphenyläther 48.
2,4-Dichloranilin 50, 91, 101.
2,5-Dichloranilin 44, 50, 91, 96, 98, 114.
3,4-Dichloranilin 50.
3,5-Dichloranilin 50.
m,m'-Dichlorbenzidin 57.
o,o'-Dichlorbenzidin 57, 92.
2,4-Dichlorbenzoesäure 63, 103.
1,4-Dichlor-2-nitrobenzol 111.
3,5-Dichlor-2-toluidin 95, 98, 100.
2,5-Dimethylpyrazindihydrodicarbonsäureanilid 38, 90.
2,5-Dimethylpyrazindihydrodicarbonsäure-2'-anisidid 90.
2,5-Dimethylpyrazindihydrodicarbonsäure-2'-chloranilid 90.
2,5-Dimethylpyrazindihydrodicarbonsäure-2',5'-dichloranilid 90.
2,5-Dimethylpyrazindihydrodicarbonsäure-2'-toluidid 90.
2,5-Dimethylpyrazindihydrodicarbonsäure-4'-toluidid 90.

2,5-Dimethylpyrazindihydrodicarbonsäure-1',3',4'-xylidid 90.
2,4-Dinitranilin 97, 100.
Dioxy-G-Säure 31.
3,4-Dioxy-2-naphthoesäure 87.
Dioxy-S-Säure 31.
Di-(-5-oxy-7-sulfo-2-naphthyl)-harnstoff 35.
2,5-Diphenyl-7-methyl-1,3,4,6-benzbitriazol 26.

Echtblau B-Base 45, 57.
Echtblau R-Base 45, 56.
Echtcorinth B-Base 45, 56.
Echtgelb G-Base 44, 50.
Echtgranat B-Base 44, 58.
Echtgranat G-Base (GB- oder GC-) 44.
Echtorange GC-Base 44, 50.
— GR-Base 45.
— R-Base 44.
Echtrot B-Base 44.
— BB-Base 44, 47.
— G-Base (GL-Base) 44.
— GG-Base 45.
— 3 GL-Base 44.
— KB-Base 44, 51.
— LB-Base 44.
— R-Base 44, 48.
— RL-Base 44.
Echtrotsalz AL 45.
Echtrot TR-Base 44, 51.
Echtsalze 45.
Echtscharlach - G-Base 44.
— GGS-Base 44, 50.
— R-Base 44.
— TR-Base 44, 51.
Einleitung 1.
Elektrolytische Reduktion 11.
Elementaranalyse 6.
Elsäßergrün 113.
Erika B 56.
— 2 GN 55.
Eriochromblauschwarz B 30.
Eriochromschwarz T 30.
Erioviolett RL 102.
Eurhodole 28.
Extraktionsapparate 42.

Freund'sche Säure 64, 94.
Furrein D Ciba 52.
Fuscamin D B.A.S.F. 47.

Gamma-Säure 32, 102.
Gitterspektroskop 16 ff.

Hansagelb, diverse 113 ff.
Hydrosulfitlösung, haltbare 14.
hypsochrom 24.

Indanthrengelb GF 36.
Isonitrosoacetessiganilid 38.
—, Fe-Komplexsalze 38, 113.

J-Säure 32, 85.
J-Säurederivate 35.
J-Säureharnstoff 35.

Kapillaranalyse 4.
Kongorot 8.
Kresidin 47, 91, 95, 98.
K-Säure 32.
Kupplungskomponente 1.

Lackfarbstoffe 11.
—, Reduktion derselben 41.
Laurent'sche Säure 64, 94, Taf. II.
Lauth'sches Violett 52.
Literaturzusammenstellung 117.

Maßanalyse 14.
Metanilsäure 59, 93, Taf. II.
Methylbenzimidazole 23, 52.
Methylbenzoxazole 23.
Mikroskop 25.
M-Säure 32.

Naphthamingelb 1, 10.
Naphthionsäure 28, 64, 94, Taf. II.
β-Naphthochinonsulfosäuren 30.
Naphthol AN 44.
— AS 35, 44.
— ASBO 44.
— ASBR 44.
— ASBS 35, 44, 45.
— ASD 44.
— ASG 44, 101.
— ASOL 44.
— ASRL 44, 101.
— ASSW 44.
— ASTR 44.
— -AS-Entwickler 44.
— - AS-Färbungen 24, 43.
— - AS-Farbstoffe 97.
— - ASBO-Farbstoffe 101.
— - ASBS-Farbstoffe 100.
Naphtholblauschwarz B 104.
2-Naphthol-3,6-disulfosäure 91.
β-Naphthol-Färbungen, Bestimmung derselben 24.
β-Naphthol-Farbstoffe 93, 95.

Sachverzeichnis. 123

Naphthophenanthrazinsulfosäuren 28.
1-Naphthylamin 44, 58, 92, 96, 99, 100.
2-Naphthylamin 59, 92, 95, 98.
1-Naphthylamin-3,6-disulfosäure 64, 94.
1-Naphthylamin-3,8-disulfosäure 64, 94.
1-Naphthylamin-4,7-disulfoäure 65, 94.
1-Naphthylamin-4,8-disulfosäure 65, 94.
α-Naphthylamindisulfosäure S 65, 94.
2-Naphthylamin-3,6-disulfosäure 66, 94.
2-Naphthylamin-4,7-disulfosäure 66, 94.
2-Naphthylamin-4,8-disulfosäure 66, 94, 106, 107.
2-Naphthylamin-5,7-disulfosäure 66, 94.
2-Naphthylamin-6,8-disulfosäure 66, 94.
1-Naphthylamin-4-sulfosäure 64, 94, Taf. II.
1-Naphthylamin-5-sulfosäure 64, 94, Taf. II.
1-Naphthylamin-6-sulfosäure 64, 94, Taf. II.
1-Naphthylamin-7-sulfosäure 64, 94, Taf. III.
2-Naphthylamin-1-sulfosäure 65, 94.
2-Naphthylamin-5-sulfosäure 65.
2-Naphthylamin-6-sulfosäure 65, 94, Taf. III.
2-Naphthylamin-7-sulfosäure 65, 94.
2-Naphthylamin-8-sulfosäure 66, 94, Taf. III.
1,2-Naphthylendiamin 69.
1,4-Naphthylendiamin 69, 59.
1,5-Naphthylendiamin 59.
Naphthylendiamine und deren Sulfosäuren 28, 69.
Nitrierende Spaltung 14.
Nitroamine 22.
4-Nitro-2-aminoanisol 44, 97, 99.
5-Nitro-2-aminoanisol 44, 97, 100.
3'-Nitro-4-aminoazobenzol 96, 99.
o-Nitroazoverbindungen 10.
5-Nitro-2-aminobenzoesäure 96, 99.
6-Nitro-3-amino-4-kresolmethyläther 97, 100.
2-Nitro-4-aminotoluol 95, 98.
3-Nitro-2-aminotoluol 95, 98.
3-Nitro-4-aminotoluol 44, 97, 100, 101.
4-Nitro-2-aminotoluol 44, 96, 99, 101.
5-Nitro-2-aminotoluol 44, 97, 99, 101.
6-Nitro-2-aminotoluol 96, 99.
2-Nitranilin 45, 96, 99, 101, 114.
3-Nitranilin 44, 96, 98, 101.
4-Nitranilin 45, 97, 99, 101.
4-Nitro-2-anisidin 44, 97, 99, 101.

5-Nitro-2-anisidin 44, 97, 100, 101.
2-Nitro-4-chloranilin 44, 97, 100, 101, 114.
2-Nitro-5-chloranilin 97, 99.
3-Nitro-4-chloranilin 96, 99.
3-Nitro-6-chloranilin 96, 99.
4-Nitro-2-chloranilin 97, 100.
4-Nitro-3-chloranilin 96, 99.
5-Nitro-4-chlor-2-anisidin 97, 100.
5-Nitro-4-chlor-2-phenetidin 97, 99.
2-Nitro-4-chlorphenol 10, 111.
5-Nitro-1-diazo-2-naphthol-4-sulfosäure 32.
2-Nitro-1-naphthylamin 97, 99.
4-Nitro-1-naphthylamin 97, 100.
3-Nitro-4-pheneidin 95, 98.
2-Nitro-4-toluidin 95, 98.
3-Nitro-2-toluidin 95, 98.
3-Nitro-4-toluidin 44, 97, 100, 101, 114.
4-Nitro-2-toluidin 44, 96, 99, 101.
5-Nitro-2-toluidin 44, 97, 99, 101.
6-Nitro-2-toluidin 96, 99.
5-Nitro-1, 3, 4-xylidin 96, 99.
5-Nitro-1, 4, 2-xylidin 96, 99.
6-Nitro-1, 3, 4-xylidin 96, 99.

Orange IV 12.
Orthanilsäure 59, 93, Taf. I.
Ostwald'sche Farbenbestimmung 5.
Oxynaphthochinonanil 33.
Oxy-β-naphthochinonsulfosäuren 31.
2,3-Oxynaphthoesäureanilid 44.
2,3-Oxynaphthoesäure-2'-anisidid 44.
2,3-Oxynaphthoesäure-4'-anisidid 44.
Oxynaphthoesäurearylamide 43.
2,3-Oxynaphthoesäure-5'-chlor-2'-toluidid 44.
2,3-Oxynaphthoesäurediansidid 44.
2,3-Oxynaphthoesäure-α-naphtalid 44.
2,3-Oxynaphthoesäure-β-naphthalid 44.
2,3-Oxynaphthoesäure-3'-nitranilid 44.
2,3-Oxynaphthoesäure-2'-toluidid 44.
Oxynaphthophenanthrazine 28.

Partielle Reduktion 12.
Patentliteratur 5.
Phenacetin 47.
Phenanthrazine 23.
Phenanthrenchinon 23.
2-Phenetidin 47, 91, 95, 98.
4-Phenetidin 47, 91, 95, 98.
o-Phenetol-azo-α-naphthylamin 44.
1,2-Phenylendiamin 52.

1,3-Phenylendiamin 26, 52, 91.
1,4-Phenylendiamin 52, 92, 104, 105.
1,3,4-Phenylendiaminsulfosäuren 27, 28.
1,4,2-Phenylendiaminsulfosäure 103.
Phenylhydrazin 11.
1-Phenyl-3-methyl-4-amino-5-pyrazolon 37.
1-Phenyl-3-methyl-5-pyrazolon 114.
2-Phenyl-6-oxy-7-amino-8-sulfonaphtho-α,β-thiazol 86.
2-Phenyl-6-oxy-8-sulfonaphtho-α,β-thiazol 36.
Phenylthiazol der J-Säure 36, 86.
Polarbrillantrot 3 B, B 110.
Polarrot G 108.
Polyamine der Benzolreihe 66.
Pyrazine 38, 89.
Pyrazoloncarbonsäure 37.
Pyrazolonfarbstoffe, Reduktion derselben 13.

Qualitative Analyse 3.

Reduktionskinetik 13.
Reduktion mit Hydrosulfit 9,40.
Reduktion mit Jodwasserstoffsäure 10, 41.
Reduktion mit Zinkstaub-Ammoniak 8.
Reduktion mit Zinnbromür 13.
Reduktion mit Zinnchlorür 8, 39.
Reinigung der Farbstoffe 39.
Resorcin 29, 31.
Resorcingelb 13.
Rouge de St. Denis 12.
RR-Säure 32.
R-Salz 91.
Rubazonsäure 37, 88, 114.

Sambesischwarz V 105.
Säure IV 66, 94, 106, 107.
Schweizer Patente 6.
Semidinumlagerung 9.
Siriusgelb RR 41, 114.
Spaltung durch Halogene 15.
Spaltungsmethoden 7.
Spektroskop, Anleitung dazu 16.
Spektroskopische Untersuchung 4.
S-Säure 32.
SS-Säure 32.
Sulfanilsäure 59, 93, 105, Taf. I.
Sulfochrysoidin 8.

1,2,3,4,(6)-Tetraminobenzol 26, 67.
2,3,4,5-Tetraminobenzolsulfosäure 68.

2,3,4,5-Tetraminochlorbenzol 68.
2,3,4,5-Tetraminotoluol 67.
Thiazole der J-Säure 37.
Thiazolfarbstoffe 36.
Thioanilin 58, 92.
Tobias-Säure 65, 94.
o-Tolidin 45, 56, 92, 97, 100.
m-Tolidin 56, 92.
o-Tolidin-o-disulfosäure 63.
2-Toluidin 46, 91, 95, 97.
3-Toluidin 46, 91, 95, 98, 106.
4-Toluidin 46, 91, 95, 98.
4-Toluidin-3,5-disulfosäure 93.
2-Toluidin-4-sulfosäure 93.
2-Toluidin-5-sulfosäure 60, 93.
4-Toluidin-2-sulfosäure 60, 93.
4-Toluidin-3-sulfosäure 60.
p-Toluolsulfosäure 63.
p-Toluolsulfochlorid 110.
N-Toluolsulfo-H-Säure 110, 112.
m-Toluylendiamin 26, 53.
p-Toluylendiamin 53.
Trennung der Spaltprodukte 41.
1,2,4-Triaminobenzol 7, 66.
2,4,5-Triaminobenzolsulfosäure 68.
2,4,5-Triaminochlorbenzol 68.
2,4,4'-Triaminodiphenylamin 58.
1,2,7-Triamino-8-naphthol-3,6-disulfosäure 83.
1,2,7-Triamino-8-naphthol-4,6-disulfosäure 84.
1,2,6-Triamino-5-naphthol-7-sulfosäure 80.
1,2,7-Triamino-8-naphthol-4-sulfosäure 79.
Triaminonaphtholsulfosäuren 32, 78.
2,4,6-Triaminophenol 55.
2,4,5-Triaminotoluol 27, 67.

Ursol DD 57.
— GG 46.
— P.
— SC 55.
Uviollampe 36.

Variaminblau B 45.
Verdünnungsmittel 39.

1,2,4-Xylidin 46, 95, 98.
1,4,2-Xylidin 46, 91, 95, 98, 115.
1,3,4-Xylidin-5-sulfosäure 93.
1,3,4-Xylidin-6-sulfosäure 93.

Zinnchloriddoppelsalze 8, 40.
Zinn, elektrolytische Abscheidung 40.

Tafel I.

Mikroaufnahmen von Anilin- und Naphthylaminsulfosäuren.
(Aufgen. im Techn. Chem. Laborat. der E. T. H. Zürich
durch die Herren Schlittler und Wunderly.)

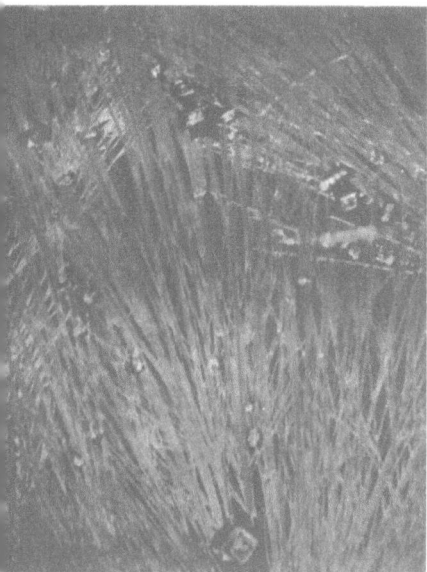

Abb. 1. o-Anilinsulfosäure (Orthanilsäure), aus Wasser. Die Nadeln, eine labile Form, lagern sich im Impfen in Tafeln um. (Abb. 1—4 sind Dunkelfeldaufnahmen bei 64facher Vergrößerung.)

Abb. 2. o-Anilinsulfosäure, beide Formen nebeneinander.

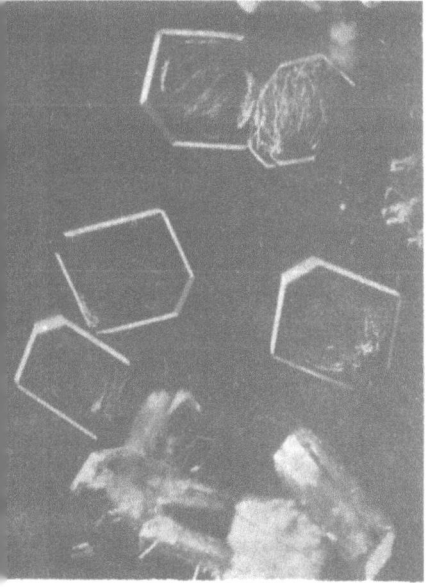

Abb. 3. o-Anilinsulfosäure, stabile Form.

nner, Azofarbstoffe.

Abb. 4. p-Anilinsulfosäure (Sulfanilsäure) keine Umlagerung.

Verlag von Julius Springer in Berlin.

Tafel II.

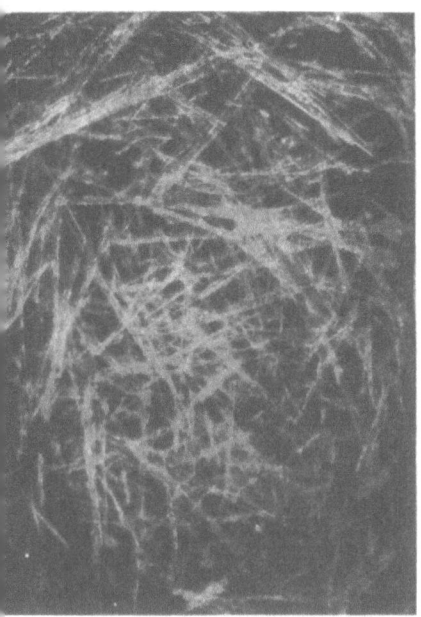

b. 5. m-Anilinsulfosäure (Metanilsäure).

Abb. 6. 1,4-Naphthylaminsulfosäure (Naphthionsäure) aus Alkohol, Vergrößerung 91fach.

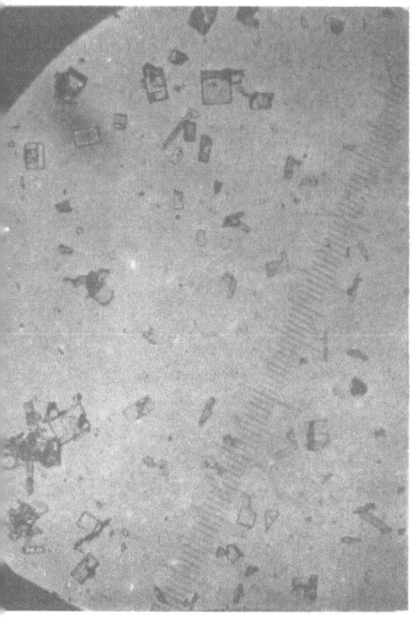

b. 7. 1,5-Naphthylaminsulfosäure (Laurentsche Säure), Vergrößerung 218fach.

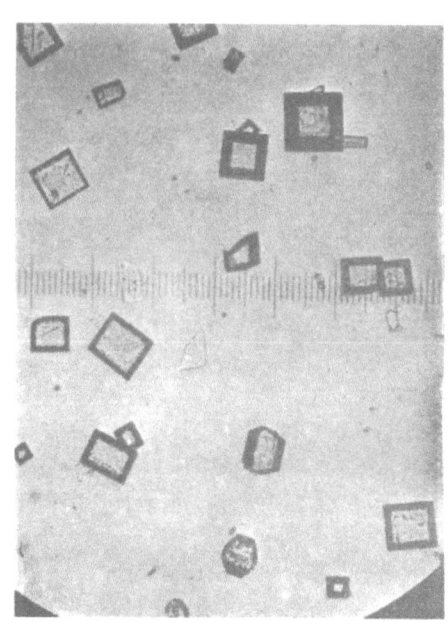

Abb. 8. 1,6-Naphthylaminsulfosäure (Cleve Säure 1,6), Vergrößerung 199fach.

ner, Azofarbstoffe.

Verlag von Julius Springer in Berlin.

Abb. 9. 1,7-Naphthylaminsulfosäure (Cleve Säure 1,7), Vergrößerung 38fach.

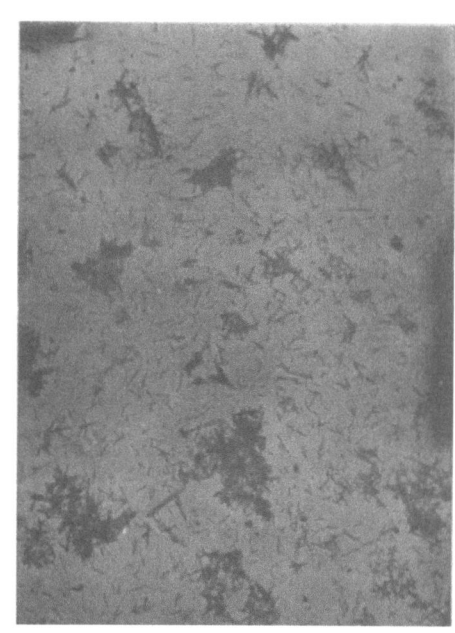

Abb. 10. 1,8-Naphthylaminsulfosäure (Peri-Säure), Vergrößerung 146fach.

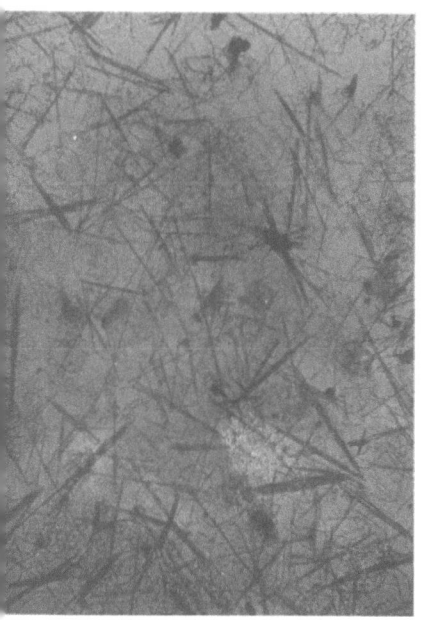

Abb. 11. 2,6-Naphthylaminsulfosäure (nner-Säure) aus Alkohol, Vergrößerung 146fach (kann auch in Blättchen kristallisieren).

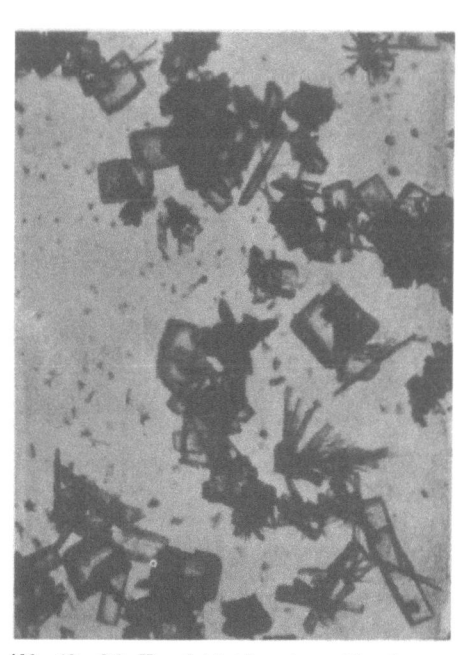

Abb. 12. 2,8-Naphthylaminsulfosäure (Badische Säure), Vergrößerung 38fach.

Verlag von Julius Springer in Berlin.

MIX
Papier aus verantwortungsvollen Quellen
Paper from responsible sources
FSC® C105338

If you have any concerns about our products,
you can contact us on
ProductSafety@springernature.com

In case Publisher is established outside the EU,
the EU authorized representative is:
**Springer Nature Customer Service Center GmbH
Europaplatz 3, 69115 Heidelberg, Germany**

Printed by Libri Plureos GmbH
in Hamburg, Germany